世纪高职高专规划教材

高等职业教育规划教材编委会专家审定

数控机床装调与应用

主　编　吴会波

副主编　杨　屹　王晓峰

参　编　王春写　刘培跃　李英辉

主　审　吴凯飞

U0291030

北京邮电大学出版社
www.buptpress.com

内 容 提 要

本书以常见的数控车床、数控铣床和数控加工中心的典型机械零部件为贯彻全书的载体,基于数控机床组装、调试、操作的工作过程,主要阐述数控机床的结构组成、装配和检验验收、编程操作、新技术与发展趋势等内容。

分为 10 个项目:项目 1 是认识数控机床总体结构;项目 2 是认识主运动结构;项目 3 是认识进给运动结构;项目 4 是认识刀具及换刀装置;项目 5 是认识伺服检测装置;项目 6 是了解液压、气压、数控转台等辅助运动部件;项目 7 是安装检验验收数控机床;项目 8 是编程、操作(fanuc 数车、华中数铣)数控机床;项目 9 是了解数控机床的发展趋势与新技术;项目 10 是了解相关职业技能考核要求。

本书通俗易懂,适宜自学,可作为数控专业的数控机床装调、数控机床构造与工作原理、数控机床机械维修等课程的教材,也可作为机电、机制类专业的数控机床与应用、数控加工等课程的学习资料。

图书在版编目(CIP)数据

数控机床装调与应用 / 吴会波主编 . -- 北京:北京邮电大学出版社,2014.6
ISBN 978-7-5635-4009-9

Ⅰ. ①数… Ⅱ. ①吴… Ⅲ. ①数控机床-安装②数控机床-调试③数控机床-应用 Ⅳ. ①TG659
中国版本图书馆 CIP 数据核字(2014)第 124998 号

书　　　名:数控机床装调与应用
著作责任者:吴会波　主编
责 任 编 辑:张珊珊
出 版 发 行:北京邮电大学出版社
社　　　址:北京市海淀区西土城路 10 号 (邮编:100876)
发 行 部:电话:010-62282185　传真:010-62283578
E-mail:publish@bupt.edu.cn
经　　　销:各地新华书店
印　　　刷:北京联兴华印刷厂
开　　　本:787 mm×1 092 mm　1/16
印　　　张:13
字　　　数:337 千字
版　　　次:2014 年 6 月第 1 版　2014 年 6 月第 1 次印刷

ISBN 978-7-5635-4009-9　　　　　　　　　　　　　　　　定　价:29.00 元

前　言

　　数控技术是一门综合性技术,由传统机械加工技术与先进的计算机数字控制技术、信息处理技术等集成。从数控机床的应用角度看,数控技能型人才既要掌握属于高新技术范围的数控加工技术,又要具备数控机床的维护维修等使用能力。这也是本教材组织教学内容和设计教学方法的原则。

　　1. 本教材的内容、结构

　　进入本课程学习之前,读者应具有一定的机电基础知识、机械制造基础知识以及计算机应用基础知识。

　　本课程的项目 1 对数控机床的总体认识。项目 2 是对数控车床及车削中心的结构认识。项目 3 是数控铣床及铣削中心的结构认识。项目 4、5、6、7 分别详细阐述主传动系统、进给传动系统、数控刀具与自动换刀装置和伺服与检测装置。项目 8 介绍的是数控机床的辅助装置,液压、气压装置在数控机床上的应用也是不可或缺的内容。项目 9 介绍的是数控机床的安装、调试与使用,并结合具体数控系统讲解了数控的编程和操作。项目 10 是数控新技术与发展趋势,就国内外的数控机床的前沿技术应用予以介绍。本书最后结合数控相关国家职业资格证的考核,给出了具体工种的考核标准及样题,为学生或者员工考取职业资格证书提供培训参考。

　　2. 本教材的特色

　　➤ 与岗位结合紧密,实用性强。学以致用是学习的目的,依据岗位需求安排内容,是本书特色,"本课程的内容在工作时很有用"是许多已就业学生的反馈。

　　➤ 内容丰富,图文并茂。本教材以数控机床的实际应用技能和合乎逻辑的专业素质为培养目的。主要项目内容都以大量的机床实例,在由浅入深地引入数控机床结构原理知识的同时,注重装配维护维修数控机床等应用技能的学习。对一些技术难点和入门要点,采用细致直观的图文讲解方式介绍。以项目任务驱动法设计章节内容,避免了学生单纯枯燥的学习。

　　➤ 结构合理,条理清晰,前呼后应。大家都知道,每种知识都有其内在的体系,本课程也是如此,本书紧紧围绕数控机床的结构顺序和装调、操作步骤,依次安排内容。

　　本书可以作为职业类院校数控类、机电类专业的教材;可以作为数控设备装配、调试、维修人员的自学教材;也可以作为数控装调、维修培训班的培训教材。

　　本书由石家庄职业技术学院吴会波担任主编,河北工业大学杨屹、河北广播电视大学王晓峰担任副主编,石家庄市市容环卫服务中心王春写、石家庄职业技术学院刘培跃和李英辉参与了编写,杭州友佳精密机械有限公司吴凯飞担任主审。在本书编写中,参阅了大量有关教材、资料和文献,在此表示衷心的感谢。

　　由于数控技术的快速发展,书中难免有疏漏之处,恳请读者批评指正,E-mail:1099340050@qq.com。

编　者

目　　录

项目 1　初始数控机床

1.1　项目任务

【学习任务】

1. 理解数控机床的有关定义；
2. 了解数控机床的发展过程；
3. 掌握数控机床的基本组成；
4. 能够确定通用数控机床坐标系；
5. 了解数控机床的分类以及型号；
6. 增强对数控机床的学习兴趣，培养小组合作意识。

【学习重点与难点】

重点：数控机床的主要概念，数控机床的主要组成，数控机床的分类与特点。

难点：数控机床的主要组成，数控机床坐标系与工件坐标系。

1.2　项目内容

1.2.1　数控机床定义

数字控制（Numerical Control）技术：简称为数控（NC）技术，是指用数字指令控制机器的动作。

数控系统：采用数控技术的控制系统称为数控系统。

数字控制机床（Numerical Control Machine Tools）：简称数控机床，这是一种将数字计算技术应用于机床的控制技术。它把机械加工过程中的各种控制信息用代码化的数字表示，通过信息载体输入数控装置，经运算处理由数控装置发出各种控制信号，控制机床的动作，按图纸要求的形状和尺寸，自动地将零件加工出来。数控机床较好地解决了复杂、精密、小批量、多品种的零件加工问题,是一种柔性的、高效能的自动化机床,代表了现代化机床控制技术的发展方向,是一种典型的机电一体化产品。

计算机数控系统:随着微型计算机的发展,硬件数控系统已逐渐被淘汰,取而代之的是采用通用计算机硬件结构,用控制软件来实现数控功能的数控系统,称为计算机数控系统(Computer Numerical Control),简称为 CNC。

定位精度:是指数控机床工作台等移动部件在确定的终点所达到的实际位置的精度。定位误差:移动部件实际位置与理想位置之间的误差。定位误差包括伺服系统、检测系统、进给系统等误差。定位误差直接影响零件加工的位置精度。

重复定位精度:是指在同一台数控机床上,应用相同程序、相同代码加工一批零件,所得到的连续结果的一致程度。它是一项非常重要的性能指标。

1.2.2 数控机床的发展

科学技术的不断发展,对机械产品的质量和生产率提出了越来越高的要求。机械加工工艺过程的自动化是实现上述要求的最主要的措施之一。它不仅能提高产品的质量、提高生产效率、降低生产成本,还能够大大改善工人的劳动条件。大批量的自动化生产广泛采用自动机床、组合机床和专用机床以及专用自动生产线,实行多刀、多工位、多面同时加工,以达到高效率和高自动化。但这些都属于刚性自动化,在面对小批量生产时并不适用,因为小批量生产需要经常变化产品的种类,这就要求生产线具有柔性。而从某种程度上说,数控机床的出现满足了这一要求——灵活、通用、高精度、高效率的"柔性"自动化设备。

1949 年,美国空军为了能在短时间内制造出经常变更设计的火箭零件,与帕森斯公司和麻省理工学院(MIT)伺服机构研究所合作,开始了三坐标铣床的数字化工作。1952 年,美国麻省理工学院成功地研制出一套三坐标联动、利用脉冲乘法器原理的试验性数控系统,并把它装在一台立式铣床上。当时用的电子元件是电子管,是世界上的第一台数控机床。

我国从 1958 年开始研究数控技术,60 年代中期处于研制、开发时期。当时,一些高等院校、科研单位研制出试验样机,开发也是从电子管开始的。1965 年国内开始研制晶体管数控系统。从 70 年代开始,数控技术在车、铣、钻、镗、磨、齿轮加工、点加工等领域全面展开,数控加工中心在上海、北京研制成功。在这一时期,数控线切割机床由于结构简单、使用方便、价格低廉,在模具加工中得到了推广。20 世纪 80 年代,我国从日本发那科公司引进了 5、7、3 等系列的数控系统和交流伺服电机、交流主轴电机技术,还从美国、德国引进一些新技术。这使我国的数控机床在性能和质量上产生了一个质的飞跃。1985 年,我国数控机床品种有了新的发展。90 年代开始向高档数控机床发展。

1.2.3 数控机床的基本组成

如图 1.1 和图 1.2 所示是某数控车床的整体外形结构。其主要部件有:1-操纵面板,2-主轴及卡盘,3-转塔刀架,4-防护窗,5-自动排屑装置,6-导轨。

数控机床是典型的机电一体化产品,它所覆盖的领域包括自动控制技术、伺服驱动技术、机械制造技术、信息技术、软件技术、传感器技术等。

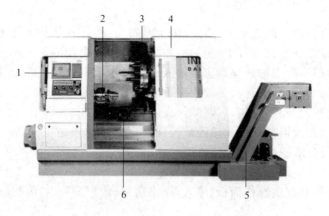

图 1.1 某数控车床整体外形图

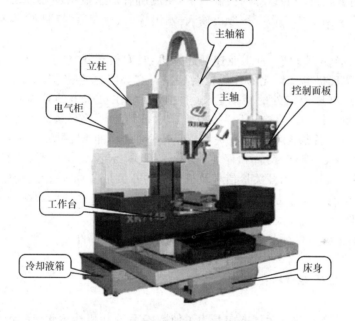

图 1.2 某数控铣床整体外形图

数控机床通常由程序输入、数控系统和机床本体等部分组成。图 1.3 是采用计算机数控装置的数控机床组成框图。

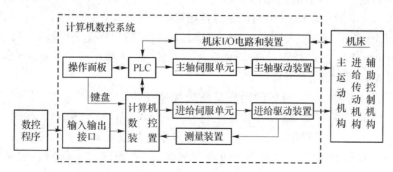

图 1.3 数控机床组成框图

1. 程序输入

数控程序是以特定代码表示的零件加工工艺过程,程序输入就是把数控加工程序通过某种装置和方式输送到数控装置中,最初数控加工程序的输入是用纸带、磁带及其相应的阅读机实现的,现在普遍应用的是键盘直接输入、磁盘输入、串口以及以太网通信方式。

键盘直接输入,就是把编好的数控程序手工通过键盘输入到数控装置内,这种方法的弊病是效率低、占用机时长、易出错。

利用串口以及以太网通信方式输入数控加工程序正越来越得到广泛的应用,它是实现数控机床联网以及计算机集成制造所必需的。

2. 数控系统

一般地说,数控系统由操作面板、输入/输出接口、数控装置、可编程控制器、伺服驱动系统组成。

数控装置是数控机床的运算和控制系统,完成所有加工数据的处理、计算工作,最终实现数控机床各功能的指挥工作。一般由输入/输出接口、存储器、控制器、运算器及相应的软件等组成。

可编程控制器(PLC)是一种工业控制计算机,具有抗干扰能力强、可靠性极高、体积小等显著优点,是实现机电一体化的理想控制装置。它在机床上主要完成 M、S、T 功能动作的控制,即除了进给运动以外的辅助运动,目前,PLC 在机床上的功能正在逐渐扩大。例如,用它直接控制坐标轴。在中、高档数控机床中,PLC 是 CNC 装置的重要组成部分。其作用是:接收来自零件加工程序的开关功能信息(辅助功能 M、主轴转速功能 S、刀具功能 T,如控制主轴转速、主轴正反转和停止、切削液开关、卡盘夹紧松开、机械手取送刀等动作),控制机床操作面板上的开关量信号及机床侧的开关量信号,进行逻辑处理,完成输出控制功能,实现各功能及操作方式的联锁。

3. 机床本体

数控机床的主体包括床身、主轴、进给传动机构等机械部件。

1.2.4　数控机床坐标系

规定数控机床坐标轴及运动方向是为了使数控系统和机床的设计、程序编制和使用维修更为便利。国际标准化组织 ISO 和我国机械工业部都颁布了相应的标准。

1. 坐标轴的运动方向及其命名

(1)坐标和运动方向命名的原则

数控机床的进给运动是相对的,有的是刀具相对于工件运动(如车床),有的是工件相对于刀具运动(如铣床)。为了使编程人员能在不知道是刀具移向工件,还是工件移向刀具的情况下,可以根据图样确定机床的加工过程,特规定:永远假定刀具相对于静止的工件坐标系而运动。

(2)标准坐标系的规定

在数控机床上加工零件,机床的动作是由数控系统发出的指令来控制的。为了确定机床的运动方向和移动的距离,就要在机床上建立一个坐标系,这个坐标系就叫标准坐标系,也叫机床坐标系。在编制程序时,就可以以该坐标系来规定运动方向和距离。

数控机床上的坐标系是采用右手直角笛卡尔坐标系,如图 1.4 所示。它确定了直角坐标 X、Y、Z 三者的关系及其方向,并规定围绕 X、Y、Z 各轴的回转运动的名称及方向。大拇指的方向为 X 轴的正方向,食指为 Y 轴的正方向,中指为 Z 轴的正方向。围绕 X、Y、Z 轴圆周进给运动坐标轴分别用 A、B、C 表示,其方向分别对应 X、Y、Z 轴按右手螺旋方向确定。图 1.4 分别示出了几种机床标准坐标系。

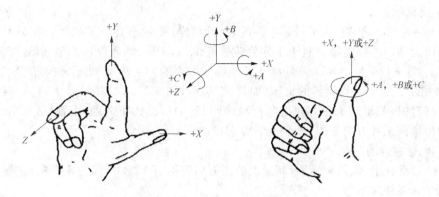

图 1.4 右手直角笛卡尔坐标系统

（3）运动方向的确定

JB3051—1999 中规定:机床某一部件运动的正方向是增大工件和刀具之间距离的方向。

① Z 坐标的运动

Z 坐标的运动由传递切削力的主轴所决定,与主轴轴线平行的坐标轴即为 Z 坐标。对于工件旋转的机床,如车床、外圆磨床等,平行于工件轴线的坐标为 Z 坐标。而对于刀具旋转的机床,如铣床、钻床、镗床等,则平行于旋转刀具轴线的坐标为 Z 坐标,如图 1.5(a)、图 1.5(b)所示,对于工件和刀具都不旋转的机床(如牛头刨床),Z 轴垂直于工件装卡面。

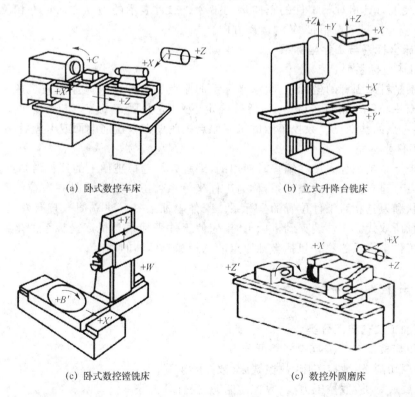

(a) 卧式数控车床   (b) 立式升降台铣床

(c) 卧式数控镗铣床   (c) 数控外圆磨床

图 1.5 数控机床的坐标系示意图

Z 坐标的正方向为增大工件与刀具之间距离的方向。如在钻镗加工中,钻入和镗入工件的方向为 Z 坐标的负方向,而退出为正方向。

② X 坐标的运动

X 坐标一般是水平的,它平行于工件的装夹面且与 Z 轴垂直。X 坐标是在刀具或工件定位平面内运动的主要坐标。对于工件旋转的机床(如车床、磨床等),X 坐标的方向是在工件的径向上,且平行于横滑座。刀具离开工件旋转中心的方向为 X 轴正方向,如图 1.5(a)、图 1.5(d)所示。对于刀具旋转的机床(如铣床、镗床、钻床等),如 Z 轴是垂直的,当从刀具主轴向立柱看时,X 运动的正方向指向右,如图 1.5(b)所示。如 Z 轴(主轴)是水平的,当从刀具主轴后端向工件方向看时,X 轴的正方向指向右方,如图 1.5(c)所示。

③ Y 坐标的运动

Y 坐标轴垂直于 X、Z 坐标轴,其运动的正方向根据 X 和 Z 坐标的正方向,按照右手直角笛卡尔坐标系统来判断。

④ 旋转运动 A、B、C

旋转运动 A、B、C 的正方向分别沿 X、Y、Z 坐标轴的右螺旋前进的方向(图 1.4 所示)。

⑤ 附加坐标

如果在 X、Y、Z 主要坐标以外,还有平行于它们的坐标,可分别指定为 U、V、W。如还有第三组运动,则分别指定为 P、Q、R。

⑥ 对于工件运动的方向规定

对于工件运动而不是刀具运动的机床,必须将前述为刀具运动所作的规定作相反的安排。用带"'"的字母,如"$+X'$",表示工件相对于刀具的正向运动指令。而不带"'"的字母,如"$+X$",表示刀具相对于工件的正向运动指令。二者表示的运动方向正好相反。对于编程人员、工艺人员只考虑不带"'"的运动方向。

2. 机床坐标系与工件坐标系

(1) 机床坐标系

坐标系是机床固有的坐标系,机床坐标系的原点也被称为机床原点或机床零点。这个原点在机床一经设计和制造调整后,便被确定下来,它是固定的点。机床原点是工件坐标系、机床参考点的基准点。数控车床的机床原点一般设在卡盘前端面或卡盘后端面的中心。

(2) 工件坐标系

工件坐标系是编程人员在编程时使用的,编程人员选择工件上的某一已知点为原点(也称程序原点),建立一个新的坐标系,称为工件坐标系。工件坐标系是在数控编程时用来定义工件形状和刀具相对工件位置的坐标系。工件坐标系一旦建立便一直有效,直到被新的工件坐标系所取代。工件装夹到机床上时,应使工件坐标系与机床坐标系的坐标轴方向保持一致。工件坐标系的建立包括坐标原点的选择和坐标轴的确定。

1.2.5 数控机床分类

1. 按加工工艺范围分类

数控机床按加工工艺范围分类可分为:

- 金属切削类:数控车床、数控铣床、数控磨床等;
- 金属成型类:数控压力机、数控冲床、数控折弯机等;
- 特种加工类:NC 线切割机床、NC 电火花成型机床、数控激光切割机等;

- 其他类型：主要有三坐标测量仪、数控装配机、数控测量机、数控绘图仪、机器人等。

2. 按机床有无自动换刀装置分类。

数控机床按机床有无自动换刀装置可分为：普通数控机床和加工中心。普通数控机床又包括数控车床、数控铣床、数控磨床等；加工中心又可分为立式加工中心（如图 1.6 所示，1-刀库、2-机械手、3-主轴、4-操作面板、5-数控转台、6-工件、7-排屑桶）、卧式加工中心、车削加工中心（如图 1.7 所示，1-动力刀架、2-第二主轴、3-转塔刀架、4-主轴）、磨削中心等。加工中心与一般的数控机床相比，其主要特点是带有一个容量较大的刀库（可容纳的刀具数量一般为 10～120 把）和自动换刀装置。

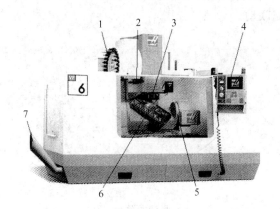

图 1.6　立式加工中心

图 1.7　车削中心

3. 按数控机床档次分类

按照数控装置的功能水平可大致把数控机床分为低档（经济型）数控机床、中档数控机床、高档数控机床。大体上可从分辨率、进给速度、伺服系统、同时控制轴数（联动轴数）、通信功能、显示功能、有无 PLC 及主 CPU 水平等几方面加以区分，见表 1.1。

表 1.1　按数控装置功能水平分类表

功能	高档	中档	低档
分辨率/μm	0.1	1	10
进给速度/(mm·min^{-1})	15～100	15～24	<15
伺服系统	交、直流伺服电动机驱动的闭环、半闭环控制伺服系统		功率步进电动机驱动的开环控制伺服系统
同时控制轴数	3～5 轴		2 轴（3 轴直线）
通信功能	带 MAP（或相当）网卡，可以进网	有 RS-232C、RS-422 或 DNC 通信接口	无或有 RS-232C 通信接口
显示功能	可以进行三维图形显示	CRT（LCD）字符、图形显示	LED 显示或 CRT 字符显示
有无 PLC	有		无
主 CPU	16 位、32 位、64 位，主流为 32 位		8 位，也有 16 位

注：分辨率是一个反应机床的重要指标。它是指机床可以控制的最小位移增量，即数控装置每发出一个脉冲信号，反映到机床移动部件上的移动量，一般称为脉冲当量。脉冲当量越小，数控机床的加工精度和表面质量越高。

4. 按照可联动(同时控制)轴数分类

数控机床的可控轴数是指机床数控装置能够控制的坐标数目。世界上最高级的数控装置的可控轴数已达到 31 轴。

数控机床的联动轴数是指机床数控装置控制的坐标轴同时达到空间某一点的坐标数目。世界上最高级的数控装置的联动轴数已达到 24 轴。

可分为 2 轴控制、2.5 轴控制、3 轴控制、4 轴控制、5 轴控制等。2.5 轴控制是指两个轴是连续控制,第三轴是点位或直线控制。3 轴控制是三个坐标轴 X、Y、Z 都同时插补,是三维连续控制,如图 1.8 所示。5 轴连续控制是一种很重要的加工形式,如图 1.9 所示,这时 3 个坐标 X、Y、Z 与转台的回转、刀具的摆动同时联动。

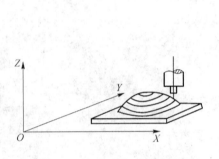
图 1.8 三轴联动的数控机床

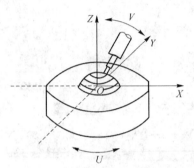
图 1.9 五轴联动的数控机床

1.2.6 数控机床的型号

数控机床是金属切削机床的其中一种,其命名方法遵照金属切削机床的命名规则。如图 1.10 所示是命名实例及其字母或数字的含义。

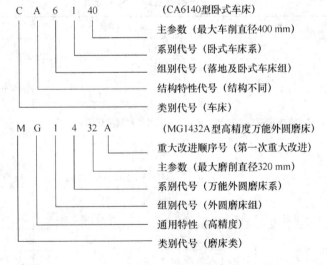
图 1.10 数控机床命名实例

1.3　项目检测

填空题

1. 数字控制技术：简称为（　　　　　）技术，是指用数字指令控制机器的动作。

2. 数控机床上的坐标系是采用（　　　　　）坐标系。

3. 普通数控机床和加工中心最大的区别是（　　　　　）。

4. 按照数控装置的功能水平可大致把数控机床分为经济型数控机床、（　　　　　）、高档数控机床。

5. （　　　　　）年，美国麻省理工学院成功地研制出一套三坐标联动，利用脉冲乘法器原理的试验性数控系统，并把它装在一台立式铣床上。

6. 世界上的第一台数控机床当时用的电子元件是（　　　　　）。

7. 编程人员在编程时使用的，以编程人员选择工件上的某一已知点为原点（也称程序原点），建立一个新的坐标系，称为（　　　　　）。

选择题

1. 数控机床通常包括（　　　）。

A. 程序的存储介质，输入/输出（I/O）装置　　　　　B. 数控装置，伺服系统

C. 检测反馈系统，机床本体，辅助装置　　　　　　D. A，B 和 C

2. 坐标和运动方向命名的原则（　　　）。

A. 刀具相对于工件运动　　　　　　　　　　　　　B. 工件相对于刀具运动

C. 刀具相对于静止的工件坐标系而运动。

3. 机床某一部件运动的正方向是（　　　）工件和刀具之间距离的方向。

A. 增大　　　　　　　　B. 减小

4. 坐标系是机床固有的坐标系，机床坐标系的原点也被称为（　　　）。

A. 机床原点　　　　　　　　B. 机床零点　　　　　　　　C. 机床原点或机床零点

5. 数控机床按加工工艺范围可分为（　　　）。

A. 金属切削类　　　　　　　　　　　　　　　　　B. 金属成型类

C. 特种加工类　　　　　　　　　　　　　　　　　D. A，B 和 C

6. 坐标和运动方向命名的原则永远假定（　　　）而运动。

A. 固定刀具相对于静止的工件坐标系

B. 固定刀具相对于移动的工件坐标系

C. 静止的工件相对于固定刀具坐标系

D. 静止的工件相对于固定刀具坐标系

7. 机床某一部件运动的(　　)是增大工件和刀具之间距离的方向。

A. 正方向 　　　　　　　 B. 负方向 　　　　　　　 C. 任意方向

8. 与 X, Y, Z 对应的旋转轴为(　　)。

A. A, B, C 　　　　　　　 B. U, V, W 　　　　　　　 C. N, P, Q

简答题

1. 与普通机床相比,数控机床的特点是什么?

2. 数控机床通常包括哪些部分?

3. 举例来说,加工中心可分为哪些?

项目 2　认识数控车床及车削中心

2.1　项目任务

【学习任务】

1. 掌握数控车床定义与工艺范围；
2. 掌握数控车床组成；
3. 了解数控车床布局形式；
4. 熟悉数控车床的卡盘夹紧机构和刀架、尾座；
5. 理解数控车床的类型；
6. 掌握车削中心的功能；
7. 能够与实际结合，掌握生产中的数控车床结构。

【学习重点与难点】

重点：数控车床工艺范围；数控车床组成；车削中心的功能。

难点：数控车床布局形式，车削中心的功能。

2.2　项目内容

2.2.1　数控车床定义与工艺范围

数控车床是数控机床的主要品种之一，数控车床又称为 CNC 车床，即计算机数字控制车床。是目前国内使用量最大、覆盖面最广的一种数控机床。它在数控机床中占有非常重要的位置，几十年来一直受到世界各国的普遍重视并得到了迅速的发展。

数控车床主要用于加工轴类、盘套类等回转体零件，能够通过程序控制自动完成内外圆柱面、锥面、圆弧、螺纹等工序的切削加工，并能够通过尾座进行钻、扩、铰孔等工作。如图 2.1 所示是一个成型内腔壳体零件。

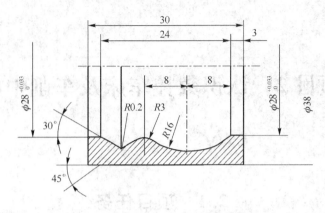

图 2.1　成型内腔壳体零件

　　近年来研制出的数控车削中心和数控车铣中心是在数控车床基础上发展起来的一种高精度、高效率的自动化机床。它具有广泛的加工性能,提高了加工质量和生产效率,可在一次装夹中完成直线圆柱、斜线圆柱、圆弧和各种螺纹以及切槽、钻、扩、铰孔等多工序的加工,因此特别适合复杂形状的回转体零件的加工。

2.2.2　数控车床组成

　　如图 2.2 和图 2.3 所示。数控车床由输入/输出设备、CNC 装置、伺服单元、驱动装置、可编程控制器 PLC 及电气控制装置、测量反馈装置、床身、主轴箱、刀架进给系统、尾座、液压系统、冷却系统、润滑系统、排屑器等部分组成。

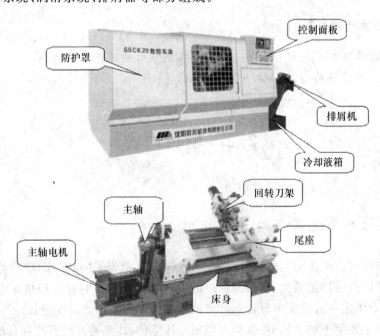

图 2.2　数控车床的组成

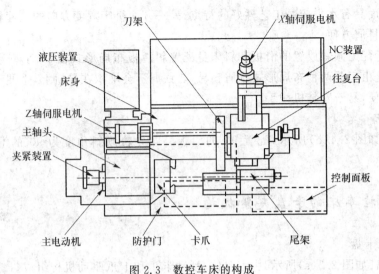

图 2.3 数控车床的构成

2.2.3 数控车床布局形式

数控车床的床身和导轨布局结构有多种形式,主要有水平床身、倾斜床身、水平床身斜滑鞍及立床身等。

1. 水平床身

水平床身〔如图 2.4(a)所示〕的工艺性好,便于导轨面的加工。水平床身配上水平放置的刀架可提高刀架的运动精度,一般可用于大型数控车床或小型精密数控车床的布局。但是水平床身由于下部空间小,故排屑困难。从结构尺寸上看,刀架水平放置使得滑板横向尺寸较长,从而加大了机床宽度方向的结构尺寸。

2. 斜床身

斜床身〔如图 2.4(b)所示〕配置斜滑板,这种结构的导轨倾斜角度多采用30°、45°、60°、75°和 90°。倾斜角度小,排屑不便;倾斜角度大,导轨的导向性及受力情况差。导轨倾斜角度的大小还直接影响机床外形尺寸高度和宽度的比例。综合考虑上面的因素,中小规格的数控车床,其床身的倾斜角度以 60°为宜。

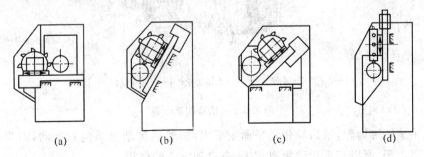

(a)   (b)   (c)   (d)

图 2.4 布局形式

3. 水平床身斜滑板

水平床身配置倾斜放置的滑板〔如图 2.4(c)所示〕,这种结构通常配置有倾斜式的导轨防护罩,一方面具有水平床身工艺性好的特点,另一方面机床宽度方向的尺寸较水平配置滑板的要小,且排屑方便。

水平床身配上倾斜放置的滑板和斜床身配置斜滑板布局形式被中、小型数控车床所普遍采用。这是由于此两种布局形式排屑容易,热铁屑不会堆积在导轨上,也便于安装自动排屑器;操作方便,易于安装机械手。

4. 立床身

立床身〔如图 2.4(d)所示〕配置 90°的滑板。即导轨倾斜角度为 90°的滑板结构叫立床身。

2.2.4 数控车床的卡盘夹紧机构

(1) 三爪卡盘

三爪卡盘〔如图 2.5(a)所示〕由卡盘体、活动卡爪和卡爪驱动机构组成。三爪卡盘上三个卡爪导向部分的下面,有螺纹与碟形伞齿轮背面的平面螺纹相啮合,当用扳手通过四方孔转动小伞齿轮时,碟形齿轮转动,背面的平面螺纹同时带动三个卡爪向中心靠近或退出,用以夹紧不同直径的工件。在三个卡爪上换上三个反爪,用来安装直径较大的工件。三爪卡盘的自行对中精度为 0.05~0.15 mm。用三爪卡盘加工件的精度受到卡盘制造精度和使用后磨损情况的影响。

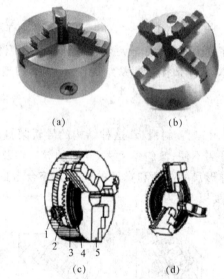

(a)　　　　　　　(b)

(c)　　　　　　　(d)

1—方孔；2—小锥齿轮；3—大锥齿轮；4—平面螺纹；5—卡爪

图 2.5　三爪和四爪卡盘

用扳手旋转锥齿轮,锥齿轮带动平面矩形螺纹,然后带动三爪向心运动,因为平面矩形螺纹的螺距相等,所以三爪运动距离相等,有自动定心的作用。

三爪结构如图 2.5(c)、图 2.5(d)所示。

（2）四爪卡盘〔如图 2.5（b）所示〕

① 四爪自定心卡盘

四爪自定心卡盘全称是机床用手动四爪自定心卡盘，是由一个盘体、四个小伞齿、一副卡爪组成。四个小伞齿和盘丝啮合，盘丝的背面有平面螺纹结构，卡爪等分安装在平面螺纹上。当用扳手扳动小伞齿时，盘丝便转动，它背面的平面螺纹就使卡爪同时向中心靠近或退出。因为盘丝上的平面矩形螺纹的螺距相等，所以四爪运动距离相等，有自动定心的作用。

功能：四爪同步移动适用于夹持四方形零件，也适用于轴类、盘类零件。

② 四爪单动卡盘

四爪单动卡盘全称是机床用手动四爪单动卡盘，是由一个盘体、四个丝杆、一副卡爪组成的。工作时是用四个丝杠分别带动四爪，因此常见的四爪单动卡盘没有自动定心的作用。但可以通过调整四爪位置，装夹各种矩形的、不规则的工件，每个卡爪都可单独运动。

功能：一个卡爪可单独移动，适用于夹持偏心零件和不规则形状零件。

四爪自定心卡盘的卡爪有两种：整体爪与分离爪。整体爪是基爪和顶爪为一体的卡爪，一副整体爪分为四个正爪、四个反爪。而一副分离爪只有四个卡爪，每个卡爪都是由基爪与顶爪构成的，通过顶爪的变换，达到正爪和反爪的功用。此外还可根据用户要求提供软卡爪，经随机配车（磨）后可获得较高定心精度，满足夹持要求。

四爪单动卡盘的卡爪只有一种整体爪。一个卡爪可单独移动，适用于夹持偏心零件和不规则形状零件。

四爪卡盘适用机床及附件：普通车床、经济型数控车床、磨床、铣床、钻床及机床附件——分度头回转台等。

四爪卡盘的夹紧方式有手动加紧和液压夹紧两种。

2.2.5 数控车床的刀架

刀架作为数控车床的重要部件，它安装各种切削加工工具，其结构和布局形式对机床整体布局及工作性能影响很大。

数控车床根据其功能，刀架上可安装的刀具数量一般为 4 把、8 把、10 把、12 把或 16 把，有些数控车床可以安装更多的刀具。

刀架的结构形式一般为回转式，刀具沿圆周方向安装在刀架上，可以安装径向车刀、轴向车刀、钻头、镗刀。车削加工中心还可安装轴向铣刀、径向铣刀。少数数控车床的刀架为直排式，刀具沿一条直线安装。

数控车床可以配备两种刀架：专用刀架和通用刀架。

专用刀架由车床生产厂商自己开发，所使用的刀柄也是专用的。这种刀架的优点是制造成本低，但缺乏通用性。

通用刀架是根据一定的通用标准而生产的刀架，数控车床生产厂商可以根据数控车床的功能要求进行选择配置。

目前国内数控刀架以电动为主，分为立式〔图 2.6（a）四方旋转刀架〕和卧式〔图 2.6（b）转塔刀架〕两种。立式刀架有四、六工位两种形式，主要用于简易数控车床；卧式刀架有八、十、十二等工位，可正、反方向旋转，就近选刀，用于全功能数控车床。

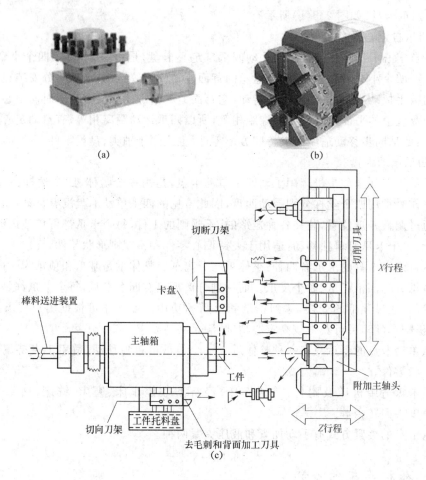

(a)　　　　　　　　　　(b)

切断刀架

卡盘

棒料送进装置

主轴箱

切削刀具

X行程

工件

切向刀架

工件托料盘

去毛刺和背面加工刀具

附加主轴头

Z行程

(c)

图 2.6　刀架

数控车床的刀架也可分为转塔式刀架和排刀式刀架两大类。转塔式刀架是普遍采用的刀架形式,它通过转塔头的旋转、分度、定位来实现机床的自动换刀工作。转塔式回转刀架有两种形式:一种主要用于加工盘类零件,其回转轴线垂直于主轴;另一种主要用于加工盘类零件和轴类零件,其回转轴与主轴平行。两坐标连续控制的数控车床,一般采用 6～12 工位转塔式刀架,如图 2.6(a)、图 2.6(b)所示。排刀式刀架主要用于小型数控车床,适用于短轴或套类零件加工,如图 2.6(c)所示。

现代数控车床为提高生产效率采用了双刀架。四坐标轴控制的数控车床,床身上安装有两个独立的滑板和回转刀架,称为双刀架四坐标数控车床。其上每个刀架的切削进给量是分别控制的,因此,两刀架可以同时切削同一工件的不同部位,既扩大了加工范围,又提高了加工效率,适合于加工曲轴、飞机零件等形状复杂、批量较大的零件。

图 2.7　中心架

数控车床的跟刀架:也叫中心架。图 2.7 所示,安装在卡盘与刀架之间,加工细长轴类零件时使用,在细长轴挠度最大的地方加装,辅助支撑调整到与加工基准重合。径向支撑旋转工件的辅助装置。加工时,与刀具一起沿工件轴向移动。

2.2.6 数控车床的尾座

数控车床的尾座是用于配合主轴箱支承工件或工具的部件,可以在上面安装钻头、顶尖等。如图 2.8 所示。图 2.8(a)是手动尾座,图 2.8(b)是液压尾座,图 2.8(c)为某数控车床的尾座结构图。尾座装在床身导轨上,它可以根据工件的长短调整位置后,用拉杆把它夹紧定位。顶尖装在套筒的锥孔中。尾座套筒安装在尾座体的圆孔中,并用平键导向,所以套筒只能轴向移动。在尾座套筒尾部的孔中装有一活塞杆与尾座套筒一起构成一个液压缸。当套筒液压缸左腔进压力油时,右腔内的油回油,套筒向前伸出;当液压缸右腔进压力油时,左腔中的油回油,套筒向后回缩。液压回路的控制由机床电气控制系统控制液压元件中的中磁换向阀来实现。套筒上还装有接盘和撞块杆,当套筒伸出和回缩时压下前、后极限行程开关,以停止套筒的运动。

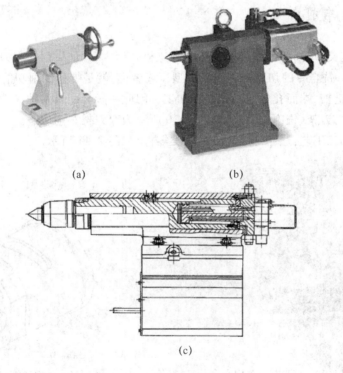

(a)　　　　　　　　　　(b)

(c)

图 2.8　手动和液压尾座

2.2.7 数控车床的类型

数控车床可分为卧式主轴水平和立式主轴垂直(如图 2.9 所示)两大类。卧式车床又有水平导轨和倾斜导轨两种。档次较高的数控卧车一般都采用倾斜导轨。按刀架数量分类,又可分为单刀架数控车床和双刀架数控车床,前者是两坐标控制,后者是四坐标控制。双刀架卧车多数采用倾斜导轨。按系统功能分为经济型和全功能型数控车床两类。

图 2.9　立式数控车床

2.2.8　数控车削中心

车削中心定义:车削中心是一种以车削加工模式为主、添加铣削动力刀头后又可进行铣削加工模式的车-铣合一的切削加工机床类型。或者说,就是带有铣削功能的车床。以车削为主,辅助完成键槽、端面孔等的一处装夹加工。因此一般会配有主轴(C 轴)分度或插补功能,同时配有动力刀架(铣削刀具)。如图 2.10 所示为双刀架车削中心。

车削中心加工工艺:适于加工复杂的轴类零件,如图 2.11 所示。

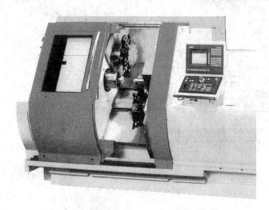

图 2.10　双刀架车削中心

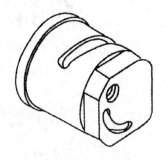

图 2.11　端面、径向带孔槽的轴

车削中心有的是回转式刀架,也有的是刀库式换刀。

图 2.12 回转式刀架的车削中心

2.3 项目检测

填空题

1. 数控车床又称为 CNC 车床，CNC 的意思是（　　　　　）。

2. 数控车床主要用于加工轴类、盘套类等（　　　　　）体零件。

3. 数控车削中心和数控车铣中心是在（　　　　　）基础上发展起来的一种高精度、高效率的自动化机床特别适合复杂形状的回转体零件的加工。

4. 数控机床卡盘加紧机构主要有（　　　　　）和四爪卡盘。

5. 三爪卡盘由卡盘体、（　　　　　）和卡爪驱动机构组成。

6. 车削中心有的是回转式刀架，也有的是（　　　　　）换刀。

7. 车削中心定义就是带有（　　　　　）的车床。

选择题

1. 数控车床的床身结构和导轨有多种形式，主要有（　　）。

A. 水平床身　　　　　　　　　　　　　　B. 倾斜床身

C. 水平床身斜滑鞍及立床身　　　　　　　D. 全部

2. 数控车床可分为（　　）两大类。

A. 卧式和立式　　　　　B. 卧式和躺式　　　　　C. 躺式和立式

3. 四爪卡盘的夹紧方式有（　　）。

A. 手动加紧　　　　　　B. 液压加紧　　　　　　C. 全部

4 下列选项中不是数控车床机床组成设备的是（　　　）。

A. 刀具、冷却液

B. CNC 装置、伺服单元、驱动装置、可编程控制器 PLC

C. 测量反馈装置、床身、主轴箱、刀架进给系统、尾座

D. 液压系统、冷却系统、润滑系统、排屑器等

5. 车削加工中心可安装的特殊刀具有( )。

A. 轴向铣刀、径向铣刀　　B. 外圆刀　　　　　　　C. 螺纹刀

6. 数控机床的尾座是用于配合主轴箱支承( )。

A. 工件或工具　　　　　　B. 刀具　　　　　　　　C. 卡具

7. 数控车床可以配备两种刀架( )。

A. 专用刀架,通用刀架　　B. 大众刀架　　　　　　C. 福特刀架

简答题

1. 请说明三爪卡盘的优点。

2. 请说出你知道的数控车床的组成部件。

项目3 数控铣床及铣削中心

3.1 项目任务

【学习任务】

1. 理解数控铣床定义与工艺范围；
2. 掌握数控铣床的基本结构和回转工作台；
3. 了解数控铣床的布局；
4. 理解数控铣床的性能要求与改进措施；
5. 理解数控铣床中心的功能；
6. 结合实际，了解先进铣削中心的功能。

【学习重点与难点】

重点：数控铣床工艺范围，数控铣床的基本结构，数控铣床的性能要求。

难点：数控铣床的性能要求与改进措施，铣削中心的功能。

3.2 项目内容

3.2.1 数控铣床定义与工艺范围

数控铣床是一种加工功能很强的数控机床，目前迅速发展起来的加工中心、柔性加工单元等都是在数控铣床、数控镗床的基础上产生的，两者都离不开铣削方式。由于数控铣削工艺最复杂，需要解决的技术问题也最多，因此，人们在研究和开发数控系统及自动编程语言的软件系统时，也一直把铣削加工作为重点。

数控铣削及加工中心适于加工多种几何形状、多种位置关系的表面与孔系。例如：箱体、盘、套、板类零件；具有复杂型面的凸轮、叶轮、模具以及外形不规则的异形件。

1. 平面类零件

此类零件的特点是它的所需加工面是平面,或者可以展开成平面。

2. 变斜角类零件

如图 3.1 所示变斜角梁,从截面②至截面⑤变化时,其与水平面间的夹角从 3°10′均匀变化为 2°32′,从截面⑤到截面⑨时,又均匀变化为 1°20′,最后到截面⑫,斜角均匀变化为 0°。此零件的加工面不能够展开为平面,此类表面也称为直纹曲面。

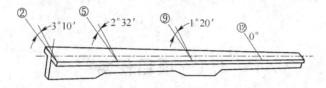

图 3.1　变斜角梁

当采用四坐标或五坐标数控铣床加工直纹曲面类零件时,加工面与铣刀圆周接触的瞬间为一条直线。这类零件也可在三坐标数控铣床上采用行切加工法实现近似加工。

3. 立体曲面类零件

加工面为空间曲面的零件称为立体曲面类零件。这类零件的加工面也不能展成平面,一般使用球头铣刀切削,加工面与铣刀始终为点接触,若采用其他刀具加工,易于产生干涉而铣伤邻近表面。

4. 结构形状复杂的箱体、模具、叶轮等类零件

如图 3.2 所示为箱体零件,箱体类零件一般是指具有一个以上孔系,内部有一定型腔或空腔,在长、宽、高方向有一定比例的零件。箱体类零件一般公差要求较高,特别是形位公差,通常要经过铣、钻、扩、镗、铰、锪、攻丝等工序,需要刀具较多,在普通机床上加工难度大,费用高,加工周期长,需多次装夹、找正,手工测量次数多,更重要的是精度难以保证。这类零件适应在加工中心上加工。

加工箱体类和模具类(如图 3.3 所示)零件时,当加工工位较多、需工作台多次旋转角度才能完成的零件,一般选卧式镗铣类加工中心。当加工的工位较少,且跨距不大时,可选立式加工中心,从一端进行加工。

图 3.2　箱体零件

图 3.3　模具零件

如图 3.4 所示为整体叶轮零件,它的叶片是典型的三维空间曲面,加工这样的型面可采用四轴以上的加工中心。

5. 异形件

如图 3.5 所示,异形零件的外形不规则,大都需要点、线、面多工位混合加工。

图 3.4　整体叶轮　　　　　　　　　　　图 3.5　异形支架

3.2.2　数控铣床的基本结构和回转工作台

典型数控铣床的结构主要由基础件、主传动系统、进给传动系统、回转工作台及其他机械功能附件等几部分组成(如图 3.6 所示)。主传动系统、进给传动系统在其他项目中介绍,在这里介绍数控铣床的基础件结构和回转工作台。

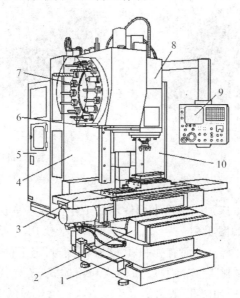

JCS-018型立式镗铣加工中心

1—床身 2—滑座 3—工作台 4—立柱 5—数控柜 6—机械手

7—刀座 8—主轴箱 9—操纵面板 10—驱动电柜

图 3.6　典型数控铣床的结构

数控铣床的基础件通常是指床身、立柱、横梁、工作台、底座等结构件,其尺寸较大(俗称大件),并构成了机床的基本框架。其他部件附着在基础件上,有的部件还需要沿着基础件运动。由于基础件起着支承和导向的作用,因而对基础件的基本要求是刚度好。

1. 床身

床身(如图3.7所示)是机床上用于支承和连接若干部件,并带有导轨的基础零件。床身类铸件产品作为一种大型铸件必须要经过热处理才能提高本身的使用性能,改善铸铁铸件的内在质量。金属热处理是机械制造中的重要工艺之一,与其他加工工艺相比,热处理一般不改变工件的形状和整体的化学成分,而是通过改变工件内部的显微组织,或改变工件表面的化学成分,赋予或改善工件的使用性能。其特点是改善工件的内在质量。为使金属工件具有所需要的力学性能、物理性能和化学性能,除合理选用材料和各种成形工艺外,热处理工艺往往是必不可少的。钢铁是机械工业中应用最广的材料,钢铁显微组织复杂,可以通过热处理予以控制,所以钢铁的热处理是金属热处理的主要内容。另外,铝、铜、镁、钛等及其合金也都可以通过热处理改变其力学、物理和化学性能,以获得不同的使用性能。

2. 机床立柱

机床立柱(如图3.8所示)是机床重要的结构件之一,起着机床上下运动及支承作用。数控铣床立柱主要是对主轴箱起到支承作用,满足主轴的 Z 向运动。目前普遍采用的是双立柱框架结构设计形式,大中型的移动立柱固定于滑座上。因为立柱是连接床身与主轴、刀库的重要部件,所以它的设计必须得到重视。对于主轴来讲,正确地安装立柱对于加工中心加工出合格的零件有着不能忽视的作用,而立柱的安装主要反映在其与工作台的垂直度上。

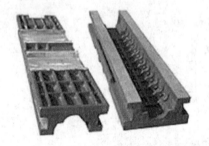

图3.7 床身　　　　　　　　　　图3.8 机床立柱

3. 机床工作台

机床工作台就是用于机床加工工作平面使用的工作台面。一般所讲的工作台是不回转的,其形状一般为长方形,如图3.9(a)所示。1,2,4槽为装夹用T形槽,3槽为基准T形槽。

图3.9(b)是又一种工作台,上面有孔和T形槽,用来固定工件和清理加工时产生的铁屑。按JB/T7974—99标准制造,产品制成筋板式和箱体式,工作面采用刮研工艺,工作面上可加工V形、T形、U形槽和圆孔、长孔。

旋转工作台也是数控铣床常用的典型的工作台,如图3.10所示,它是带有可转动的台面、用以装夹工件并实现回转和分度定位的机床附件,简称转台或第四轴。转台按功能的不同可分为分度工作台和回转工作台;按精密程度的不同可分为通用转台和精密转台。

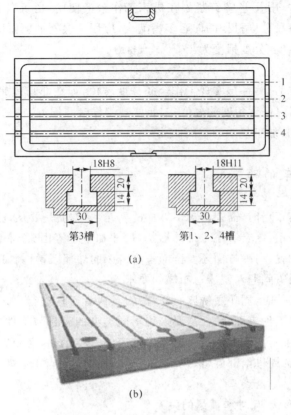

第3槽　　　　　第1、2、4槽

(a)

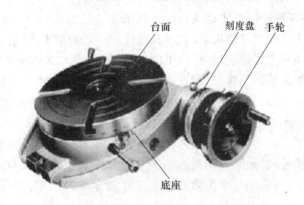

(b)

图 3.9　机床工作台

图 3.10　旋转工作台

（1）分度工作台

分度工作台有多种结构形式，常见的有定位销式和齿盘式工作台。

定位销式工作台的定位分度主要靠定位销和定位孔来实现。定位销之间的分布角度为 45°，因此工作台只能做二、四、八等分的分度运动。这种分度方式的分度精度主要由定位销和定位孔的尺寸精度及位置精度决定，最高可达 ±1°。定位销和定位孔衬套的制造精度和装配精度都要求很高，且均需具有很高的硬度，以提高耐磨性，保证足够的使用寿命。

齿盘式分度工作台是数控机床和其他加工设备中应用很广的一种分度装置。它既可以作为机床的标准附件,用 T 形螺钉紧固在机床工作台上使用,也可以和数控机床的工作台设计成一个整体。齿盘分度机构的向心多齿啮合,应用了误差平均原理,因而能够获得较高的分度精度和定心精度(分度精度为±0.5～±3 s)。

(2)回转工作台

它的主要功能有两个:一是实现工作台的分度转位,即在非切削时,装有工件的工作台能完成 0°～360°范围内任意角度的分度;二是实现工作台圆周方向的进给,即切削时,与 X,Y,Z 三个坐标轴联动,加工复杂的空间曲面。

3.2.3 数控铣床的布局

确定铣床的总体布局时,需要考虑多方面的问题:一方面是要从铣床的加工原理即铣床各部件的相对运动关系,结合考虑工件的形状、尺寸和重量等因素,来确定各主要部件之间的相对位置关系和配置;另一方面还要全面考虑铣床的外部因素,例如外观形状、操作维修、生产管理和人机关系等问题对铣床总布局的要求。

数控铣床加工工件时,同普通铣床一样,由刀具或者工件进行主运动,以加工一定形状的工件表面。不同的工件表面,往往需要采用不同类型的刀具与工件一起作不同的表面成型运动,因而就产生了不同类型的数控机床。铣床的这些运动,必须有相应的执行部件(如主运动部件、直线或圆周进给部件)以及一些必要的辅助运动(如转位、夹紧、冷却及润滑)部件等来完成。

1. 布局与工件形状、尺寸和重量的关系

加工工件所需要的运动仅仅是相对运动,因此,对部件的运动分配可以有多种方案。例如,刨削加工可以由工件来完成主运动而由刀具来完成进给运动,如龙门刨床;也可以由刀具完成主运动而由工件完成进给运动,如牛头刨床。而铣削加工时,进给运动可以由工件运动也可以由刀具运动来完成,或者部分由工件运动、部分由刀具运动来完成,这样就影响到了部件的装配和总体关系。当然,这就取决于被加工工件的尺寸、形状和重量。如图 3.11所示,同是用于铣削加工的铣床,根据工件的重量和尺寸不同,可以有四种不同的布局方案。图 3.11(a)是加工较轻工件的升降台铣床,由工件完成三个方向的进给运动,分别由工作台、滑鞍和升降台来实现。当加工的工件较重或者竖向尺寸较大时,则不宜由升降台带着工件做垂直方向的进给运动,而是改为由铣头带着刀具来完成垂直进给运动。如图 3.11(b)所示的这种布局方案,铣床的尺寸参数即加工尺寸范围可以取得大一些。如图 3.11(c)所示的龙门式数控铣床,工作台载着工件作一个方向上的进给运动,其他两个方向的进给运动由多个刀架即铣头部件在立柱与横梁上移动来完成。这样的布局不仅适用于重量大的工件加工,而且由于增多了铣头,铣床的生产效率得到很大的提高。加工更大更重的工件时,由工件作进给运动,在结构上是难以实现的,因此,采用如图 3.11(d)所示的布局方案,全部进给运动均由铣头运动来完成,这种布局形式可以减小铣床的结构尺寸和重量。

2. 部件的布局与运动分配的关系

数控铣床的运动数目,尤其是数控铣床布局进给数目的多少,直接与表面成型运动和铣床的加工功能有关。运动的分配与部件的布局是铣床总布局的中心问题。以数控镗铣床为例,一般都有四个进给运动的部件,要根据加工的需要来配置这四个进给运动部件。如果需

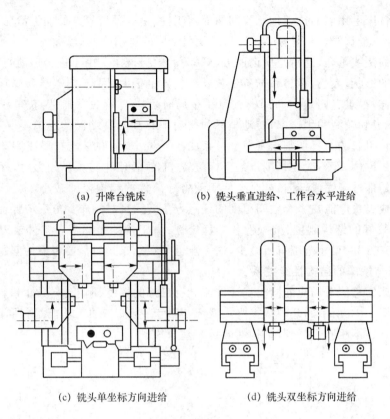

(a) 升降台铣床　　　(b) 铣头垂直进给、工作台水平进给

(c) 铣头单坐标方向进给　　　　(d) 铣头双坐标方向进给

图 3.11 铣床的四种布局方案

要对工件的顶面进行加工,则铣床主轴应布局成立式的,如图 3.12(a)所示。在三个直线进给坐标之外,再在工作台上加一个既可以立式又可以卧式安装的数控转台或分度工作台作为附件。如果需要对工件的多个侧面进行加工,则主轴应布局成卧式的,同样是在三个直线进给坐标之外再加上数控转台,以便在一次装夹时完成多面的铣、镗、钻、铰、攻螺纹等多工序加工,如图 3.12(b)和图 3.12(c)所示。

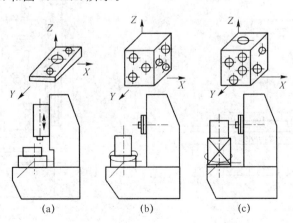

(a)　　　　　　(b)　　　　　　(c)

图 3.12 数控铣床布局与运动分配的关系

在数控铣床上用多面铣刀加工空间曲面型工件,是一种最复杂的加工情况,除主运动以外,一般需要三个直线进给坐标 X、Y、Z,以及两个回转进给坐标,以保证刀具轴线向量处与被加工表面的法线重合,这就是所谓的五轴联动的数控铣床。由于进给运动的数目较多,而且加工工件的形状、大小、重量和加工工艺要求差异也很大,因此,这类数控铣床的布局形式更是多种多样,很难有固定的布局模式。在布局时可以遵循的原则是:获得较好的加工精度、表面粗糙度和较高的生产率;转动坐标的摆动中心到刀具端面的距离不要过大,这样可使坐标轴摆动引起的刀具切削点直角坐标系的改变量小,最好是能布局成摆动时只改变刀具轴线向量的方位,而不改变切削点的坐标位置;工件的尺寸与重量较大时,摆角进给运动由装有刀具的部件来完成,其目的是要使摆动坐标部件的结构尺寸较小,重量较轻;两个摆角坐标的合成矢量应能在半个空间范围的任意方位变动;同样,布局方案应保证铣床各部件或总体上有较好的结构刚度、抗振性和热稳定性;由于摆动坐标带着工件或刀具摆动的结果,将使加工工件的尺寸范围有所减少,这一点也是在总布局时需要考虑的问题。

3. 布局与铣床的结构性能关系

数控铣床的总体布局应能同时保证铣床具有良好的精度、刚度、抗振性和热稳定性等结构性能。如图 3.13 所示的几种数控卧式铣床,其运动要求与加工功能是相同的,但是结构的总体布局却各不相同,因而其结构性能是有差异的。

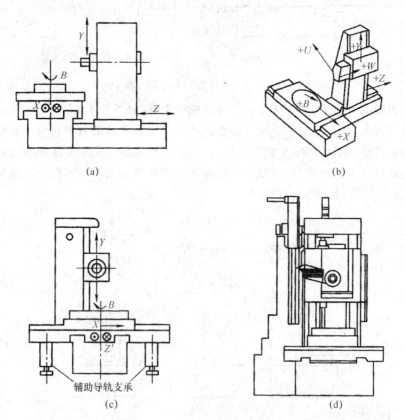

图 3.13 布局与铣床的结构性能关系

图 3.13(a)与图 3.13(b)的方案采用了 T 形床身布局,前床身横向运动,且与主轴轴线

垂直,立柱带着主轴箱一起作 Z 坐标进给运动,主轴箱在立柱上作 Y 方向进给运动。T 形床身布局的优点是:工作台沿前床身方向作 X 坐标进给运动,在全部行程范围内工作台均可支撑在床身上,故刚性较好,提高了工作台的承载能力,易于保证加工精度,而且可用较长的工作行程,床身、工作台及数控转台为三层结构,在相同的台面高度下,比图 3.13(c)和图 3.13(d)所示的十字形工作台的四层结构更容易保证大件的结构刚性;而且在如图 3.13(c)和图 3.13(d)所示的十字形工作台的布局方案中,当工作台带着数控转台在横向(即 X 向)作大距离移动和下滑板作 Z 向进给时,Z 向床身的一条导轨要承受很大的偏载,在如图 3.13(a)、图 3.13(b)所示的方案中就没有这一问题。

在图 3.13(a)、图 3.13(d)中,主轴箱装在框式立柱中间,设计成对称结构;在图 3.13(b)、图 3.13(c)中主轴箱悬挂在单立柱的一侧,从受力变形和热稳定性的角度分析,这两种方案是不同的。框式立柱布局要比单立柱布局少承受一个扭转力矩和一个弯曲力矩,因而受力后变形小,有利于提高加工精度;框式立柱布局的受热与热变形是对称的,因此,热变形对加工精度的影响小。所以,一般数控镗铣床和自动换刀数控镗铣床大都采用这种框式立柱的结构形式。在这四种总布局方案中,都应该是主轴中心线与 Z 向进给丝杠布置在同一个平面——YOZ 平面内,丝杠的进给驱动力与主切削抗力在同一平面内,因而扭转力矩小,容易保证铣削精度和镗孔加工的平行度。但是在图 3.13(b)、图 3.13(c)中,立柱将偏在 Z 向滑板中心的一侧,而在图 3.13(a)、图 3.13(d)中,立柱和 X 向横床身是对称的。

立柱带着主轴箱作 Z 向进给方向运动的方案的优点是能使数控转台、工作台和床身为三层结构。但是当铣床的尺寸规格较大,立柱较高较重,再加上主轴箱部件,将使 Z 轴进给的驱动功率增大,而且立柱过高时,部件移动的稳定性将变差。

综上所述,在加工功能与运动要求相同的条件下,数控铣床的总布局方案是多种多样的,以铣床的刚度、抗振性和热稳定性等结构性能作为评价指标,可以判别出布局方案的优劣。

4. 数控铣床的布局与使用要求的关系

数控铣床是一种全自动化的铣床,但是如装卸工件和刀具(加工中心可以自动装卸刀具)、清理切屑、观察加工情况和调整等辅助工作,还得由操作者来完成。因此,在考虑数控铣床总体布局时,除遵循铣床布局的一般原则外,还应该考虑在使用方面的特定要求。

为了便于同时操作和观察,数控铣床的操作按钮和开关都放在数控装置上。对于小型的数控铣床,将数控装置放在铣床的近旁,一边在数控装置上进行操作,一边观察铣床的工作情况,还是比较方便的。但是对于尺寸较大的铣床,因工作区与数控装置之间距离较远,这样的布置方案会使操作与观察有顾此失彼的问题。因此要设置吊挂按钮站,可由操作者移至需要和方便的位置,对铣床进行操作和观察。对于重型数控铣床这一点尤为重要。在重型数控铣床上,总是设有接近数控铣床工作区域(刀具切削加工区)并可以随工作区变动而移动的工作台,吊挂按钮站或数控装置应放置在操作台上,以便同时进行操作和观察。

数控铣床的刀具和工件的装卸及夹紧松开,均由操作者来完成,要求易于接近装卸区域,而且装夹机构要省力方便。

数控铣床的效率高,切屑多,排屑是个重要的问题,铣床的结构布局要便于排屑。

近年来,由于大规模集成电路、微处理机和微型计算机的技术的发展,数控装置和强电控制电路日趋小型化,不少数控装置将控制计算机、按键、开关、显示器等集中装在吊挂按钮站上,其他的电器部分则集中或分散与主机的机械部分装成一体,还采用气-液传动装置,省去液压油泵站,这样实现了机、电、液一体化结构,从而减小铣床占地面积,又便于操作管理。

全封闭结构数控铣床的效率高,一般都采用大流量与高压力的冷却液冷却和排屑。铣床的运动部件也采用自动润滑装置,为了防止切屑与切削液飞溅,避免润滑油外泄,将铣床做成全封闭结构,只在工作区处留有可以自动开闭的门窗,用于观察和装卸工件。

3.2.4 数控铣床的性能要求与改进措施

从数字控制技术特点看,由于数控机床采用了伺服电机,应用数字技术实现了对机床执行部件工作顺序和运动位移的直接控制,传统机床的变速箱结构被取消或部分取消了,因而机械结构也大大简化了。数字控制还要求机械系统有较高的传动刚度和无传动间隙,以确保控制指令的执行和控制品质的实现。同时,由于计算机水平和控制能力的不断提高,同一台机床上允许更多功能部件同时执行所需要的各种辅助功能已成为可能,因而数控机床的机械结要比传统机床具有更高的集成化功能要求。

从制造技术发展的要求看,随着新材料和新工艺的出现,以及市场竞争对低成本的要求,金属切削加工正朝着切削速度和精度越来越高、生产效率越来越高和系统越来越可靠的方向发展。这就要求在传统机床基础上发展起来的数控机床精度更高,驱动功率更大,机械机构热态刚度更好,工作更可靠,能实现长时间连续运行和尽可能少的停机时间。

1. 高刚度和高抗振性

提高静刚度的措施如下。

(1)基础大件采用封闭整体箱形结构(如图 3.14 所示)。

图 3.14 封闭整体箱形结构

(2)合理布置加强筋,提高部件之间的接触刚度。

提高动刚度的措施有:改善机床的阻尼特性(如填充阻尼材料);床身表面喷涂阻尼涂层;充分利用结合面的摩擦阻尼;采用新材料,提高抗振性〔如图 3.15(a)、图 3.15(b)所示〕。

2. 减少铣床热变形的影响

(1)改进铣床布局和结构

主要措施有:采用热对称结构(如图 3.16 所示);采用倾斜床身和斜滑板结构;采用热平衡措施。

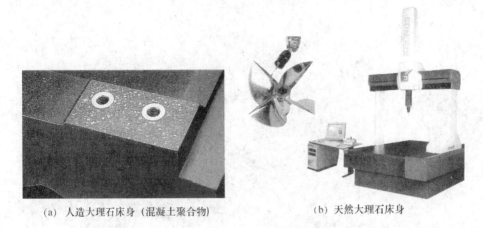

(a) 人造大理石床身（混凝土聚合物）　　　　(b) 天然大理石床身

图 3.15　新材料床身

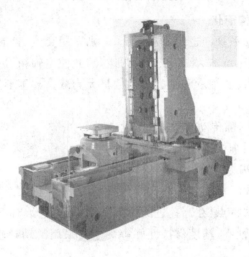

图 3.16　热对称结构立柱

（2）控制温度

主要措施有：对铣床发热部位（如主轴箱等），采用散热、风冷和液冷等控制温升的办法来吸收热源发出的热量（如图 3.17 所示）；对切削部位采取强冷措施（如图 3.18 所示）；热位移补偿；预测热变形规律，建立数学模型存入计算机中进行实时补偿。

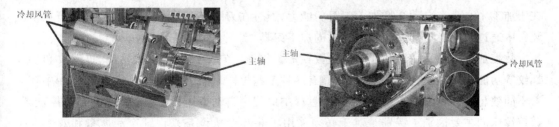

图 3.17　对机床热源进行强制冷却

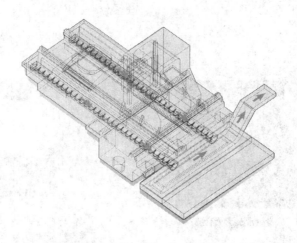

图 3.18　对切削部位进行强制冷却

3. 传动系统机械结构简化

数控铣床的主轴驱动系统和进给驱动系统,分别采用交流、直流主轴电动机和伺服电动机驱动,这两类电动机调速范围大,并可无级调速,因此使主轴箱、进给变速箱及传动系统大为简化,箱体结构简单,齿轮、轴承和轴类零件数量大为减少甚至不用齿轮,由电动机直接带动主轴或进给滚珠丝杠。

4. 高传动效率和无间隙传动装置

数控铣床进给驱动系统中常用的机械装置主要有三种:滚珠丝杠副、静压蜗杆-蜗轮条机构和预加载荷双齿轮-齿条。

5. 低摩擦系数的导轨

低摩擦系数的导轨的特点:在高速进给时不振动,低速进给时不爬行,灵敏度高,能在重载下长期连续工作,耐磨性高,精度保持性好等。主要采用滑动导轨、滚动导轨和静压导轨三种。

3.2.5　数控铣床中心

1. 数控铣削中心的定义与特点

数控铣床中心也称为加工中心,它是从数控铣床发展而来的。与数控铣床的最大区别在于加工中心具有自动交换加工刀具的能力,通过在刀库上安装不同用途的刀具,可在一次装夹中通过自动换刀装置改变主轴上的加工刀具,实现多种加工功能。

数控加工中心是一种功能较全的数控加工机床。它把铣削、镗削、钻削、攻螺纹和切削螺纹等功能集中在一台设备上,使其具有多种工艺手段。加工中心设置有刀库,刀库中存放着不同数量的各种刀具或检具,在加工过程中由程序自动选用和更换。这是它与数控铣床、数控镗床的主要区别。特别是对于必须采用工装和专机设备来保证产品质量和效率的工件,采用加工中心加工,可以省去工装和专机。这会为新产品的研制和改型换代节省大量的时间和费用,从而使企业具有较强的竞争能力。

数控加工中心是由机械设备与数控系统组成的适用于加工复杂零件的高效率自动化机

床。数控加工中心是目前世界上产量最高、应用最广泛的数控机床之一。它的综合加工能力较强,工件一次装夹后能完成较多的加工内容,加工精度较高,就中等加工难度的批量工件来说,其效率是普通设备的 5～10 倍,特别是它能完成许多普通设备不能完成的加工,对形状较复杂、精度要求高的单件加工或中小批量多品种生产更为适用。由于加工中心能集中地、自动地完成多种工序,避免了人为的操作误差,减少了工件装夹、测量和机床的调整时间及工件周转、搬运和存放时间,大大提高了加工效率和加工精度,所以具有良好的经济效益。

2. 数控铣削中心的分类

加工中心常按主轴在空间所处的状态分为立式加工中心、卧式加工中心(如图 3.19 所示)和复合加工中心。加工中心的主轴在空间处于垂直状态的称为立式加工中心,主要适用于加工板材类、壳体类工件,也可用于模具加工。主轴在空间处于水平状态的称为卧式加工中心,它的工作台大多为由伺服电动机控制的数控回转台,在工件一次装夹中,通过工作台旋转可实现多个加工面的加工,适用于箱体类工件加工。在一台加工中心上有立、卧两个主轴或主轴可 90°改变角度作垂直和水平转换的,称为立卧式加工中心或五面加工中心,也称复合加工中心。复合加工中心可在工件一次装夹中实现五个面的加工。

按加工中心立柱的数量分:有单柱式和双柱式(龙门式,如图 3.20 所示)。

图 3.19　卧式加工中心　　　　　　　图 3.20　龙门式加工中心

按加工中心运动坐标数和同时控制的坐标数可分为:三轴二联动、三轴三联动、四轴三联动、五轴四联动、六轴五联动等。三轴、四轴是指加工中心具有的运动坐标数,联动是指控制系统可以同时控制运动的坐标数,从而实现刀具相对工件的位置和速度控制。五轴联动数控机床系统对一个国家的航空、航天、军事、科研、精密器械、高精医疗设备等行业,有着举足轻重的影响力。普遍认为,五轴联动数控机床系统是解决叶轮、叶片、船用螺旋桨、重型发电机转子、汽轮机转子、大型柴油机曲轴等加工的唯一手段。五轴机床又分为三种类型:两个旋转轴都在工作台上(如图 3.21 所示)、两个旋转轴都在主轴上(如图 3.22 所示)和两个旋转轴分别在工作台和主轴上(如图 3.23 所示)。

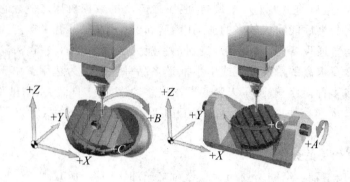

图 3.21　两个旋转轴都在工作台

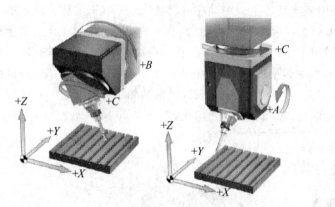

图 3.22　两个旋转轴都在主轴　　　图 3.23　两个旋转轴分别在工作台和主轴

　　按工作台的数量和功能分为:单工作台加工中心、双工作台加工中心和多工作台加工中心。

　　按加工精度分为普通加工中心精密级和高精度加工中心。普通加工中心,分辨率为 $1\ \mu m$,最大进给速度 $15 \sim 25\ m/min$,定位精度 $10\ \mu m$ 左右。高精度加工中心,分辨率为 $0.1\ \mu m$,最大进给速度为 $15 \sim 100\ m/min$,定位精度为 $2\ \mu m$ 左右。介于 $2 \sim 10\ \mu m$ 之间的,以 $\pm 5\ \mu m$ 较多,可称精密级加工中心。

3.3　项目检测

填空题

　　1. 数控铣削及加工中心适于加工(　　　　　　)几何形状、(　　　　　　)位置关系的表面与孔系。

　　2. 平面类零件的特点是(　　　　　　)。

　　3. 加工箱体类和模具类零件时,当加工工位较多,需工作台(　　　　　　)才能完成的零件,一般选卧式镗铣类加工中心。当加工的工位较少,且跨距不大时,可选立式加工中心,从一端进行加工。

4. 数控铣床的基础件通常是指(   )等结构件,由于基础件起着支承和导向的作用,因而对基础件的本要求是(   )。

5. 数控铣床立柱主要是对(   )起到支承作用,满足主轴的(   )运动。

选择题

1. 数控铣床的总体布局应能同时保证铣床具有良好的(   )。

A. 精度   B. 刚度   C. 抗振性和热稳定性 D. 以上都是

2. 加工中心具有自动交换加工刀具的能力,通过在(   )安装不同用途的刀具,可在一次装夹中通过自动换刀装置改变主轴上的加工刀具,实现多种加工功能。

A. 主轴   B. 刀库   C. 立柱   D. 工作台

3. 数控加工中心是由机械设备与数控系统组成的适用于加工(   )的自动化机床。

A. 单一零件   B. 复杂零件   C. 高精度零件   D. 以上都是

4. 加工中心工作台大多为由(   )控制的数控回转台,在工件一次装夹中,通过工作台旋转可实现多个加工面的加工,适用于箱体类工件加工。

A. 主轴电机   B. 伺服电机   C. 步进电机   D. 交流电机

5. 按加工中心立柱的(   )分可分为单柱式和双柱式。

A. 坐标数   B. 数量   C. 结构   D. 布局

简答题

1. 典型数控铣床的主要结构有哪些?

2. 数控铣床的特点有哪些?

3. 简要说说回转工作台的功能。

项目4 主传动系统

4.1 项目描述

【学习任务】

1. 了解数控机床对主传动系统的要求；
2. 了解主轴传动的方式；
3. 掌握主轴组件结构功能；
4. 了解主轴的自动装夹和切屑消除装置功能结构；
5. 理解主轴润滑与密封结构，理解准停结构的工作原理；
6. 培养仔细认真的学习态度。

【学习重点与难点】

重点：主轴组件结构功能。

难点：主轴的自动装夹，准停结构的工作原理。

4.2 项目内容

4.2.1 数控机床主传动系统定义

数控机床的主传动系统用来实现机床的主运动，它是机床成型运动之一，它将主轴电机的原动力通过该传动系统变成可供切削加工的切削力矩和切削速度。数控机床的主传动系统是机床很重要的一部分。例如，数控车床上主轴带动工件的传动运动，立式加工中心上主轴带动铣刀、镗刀和铰刀等的旋转运动。

与普通机床的主传动系统相比，数控机床的主传动系统在结构上比较简单，这是因为变速功能全部或大部分由主轴电机的无级变速来承担，省去了复杂的齿轮变速机构，有些只有二级或者三级齿轮变速用以扩大无级调速的范围。

4.2.2　数控机床对主传动系统的要求

数控机床主传动系统的精度决定了零件的加工精度。为了适应各种不同的加工要求，数控机床的主传动系统应具有较大的调速范围及相应的输出转矩、较高的精度与刚度、振动小，并尽可能降低噪声与热变形，从而获得最佳的生产率、加工精度和表面质量。

1. 变速范围宽，且能实现无级变速。

数控机床为了保证加工时选用合理的切削用量，充分发挥刀具的切削性能，从而获得最高的生产率、加工精度的表面质量，必须有更高的转速和更大的调速范围。对于自动换刀的数控机床，工序集中，工件一次装夹可以完成许多工序，所以，为了适应各种工序和各种加工材质的要求，主运动的调速范围还应进一步扩大。

2. 较高的精度，较大的刚度，传动平稳，低噪声。

数控机床加工精度的提高，与主传动系统的刚度密切相关。主轴部件的精度包括旋转精度和运动精度。

旋转精度是指装配后，在无载和低速传动条件下，主轴前段工作部位的径向和轴向跳动值。主轴部件的旋转精度取决于部件中各个零件的几何精度、装配精度和调整精度。

运动精度指主轴在工作状态下的旋转精度，这个精度通常和静止或低速状态的旋转精度有较大的差别，它表现在工作时主轴中心位置的不断变化，即主轴轴心漂移。运动状态下的旋转精度主要取决于主轴的工作速度、轴承性能和主轴部件的平衡。为了提高旋转精度，可以对主传动系统的齿轮齿面进行高频感应加热淬火以增加耐磨性；最后一级采用斜齿轮传动，使传动平稳；采用高精度轴承及合理的支承跨距等，以提高主轴组件的刚性。

静态刚度反映了主轴部件或零件抵抗静态外载的能力。数控机床多采用抗弯刚度作为衡量主轴部件刚度的指标。影响主轴部件弯曲刚度的因素很多，如主轴的尺寸形状，主轴轴承的类型、数量、配置形式、预紧情况、支承跨距和主轴前端的悬伸量等。

3. 良好的抗振性和热稳定性。

数控机床上一般既要进行粗加工又要进行精加工，加工时可能由于断续切削、加工余量不均匀、运动部件不平衡以及切削过程中的自激振动等原因引起的冲击力或交变力的干扰，使主轴产生振动，影响加工精度和表面粗糙度，严重时甚至破坏刀具或零件，使加工无法继续进行。因此，在主轴传动系统中的各个主要部件不但要具有一定的静刚度，而且要求具有足够的抑制各种干扰引起振动的能力——抗振性。抗振性可用动刚度或动柔度来衡量。例如，主轴组件的动刚度取决于主轴的当量静刚度、阻尼比及固有频率等参数。

机床在切削加工中主传动系统的发热使其中所有零部件产生热变形，破坏了零部件之间的相对位置精度和运动精度而造成加工误差，且热变形限制了切削用量的提高，降低传动效率，影响到生产率。为此，要求主轴部件具有较高的热稳定性，通过保持合适的配合间隙并进行循环润滑保持热平衡等措施来实现。

4. 自动换刀装置功能。

为满足加工中心自动换刀（ATC）以及某些加工工艺的需要，加工中心上还必须安装刀具和刀具交换所需的自动夹紧装置，以及主轴定向准停装置，以保证刀具和主轴、刀库、机械手的正确啮合。

5. 主轴在正、反向转动时能实现自动加减速控制,并且加速时间短。

6. 主轴旋转进给轴(C 轴)的控制功能,主轴还需安装位置检测装置,以便实现对主轴位置的控制。

4.2.3 主轴传动的方式

按照结构分齿轮传动、带传动、直联传动和电主轴等几种方式。

1. 齿轮传动方式

带有变速齿轮的主传动(如图 4.1 所示)是大、中型数控机床采用较多的传动变速方式。这种方式通过少数几对齿轮降速,扩大输出转矩,满足主轴低速时对输出转矩特性的要求。数控机床在交流或直流电动机无级变速的基础上配以齿轮变速,使之成为分段无级变速。

图 4.1　齿轮传动结构

齿轮传动的特点:采用齿轮变速输出的转矩大,噪音大,变速机构相对庞大,多用于低转速大转矩的加工。

2. 带传动方式

如图 4.2 所示为带传动方式,这种方式主要应用在转速较高、变速范围不大的小型数控机床上,电动机本身的调整就能满足要求,不用齿轮变速,可避免齿轮传动时引起振动和噪声的缺点,但它只能适用于低扭矩特性要求。常用的有平带、V 带、同步齿形带、多楔带。

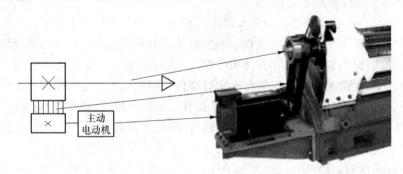

主动
电动机

图 4.2　带传动方式

(1)平带传动

平带的横截面是扁平矩形,工作面是与轮缘接触的内表面。平带可扭曲,在小功率传动中可用来进行交叉或半交叉传动,如图 4.3 所示。

平带传动的特点:强度较高,传递功率范围广。

编织带挠性好,但易松弛;强力锦纶带强度高,且不易松弛。

平带的截面尺寸都有标准规格,可选取任意长度,用胶合、缝合或金属接头连接成环形。

高速环形带薄而软、挠性好、耐磨性好,且能制成无端环形,传动平稳,专用于高速传动。

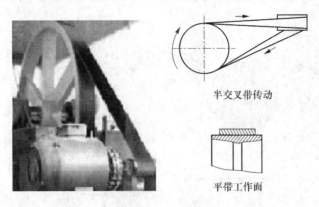

图 4.3　平带传动

（2）V 带传动

在一般机械传动中,应用最为广泛的是 V 带传动（如图 4.4 所示）。V 带的横截面呈等腰梯形,传动时,以两侧为工作面,但 V 带与轮槽槽底不接触。

V 带传动的特点:在同样的张紧力下,V 带传动较平带传动能产生更大的摩擦力,这是 V 带传动性能上的最大优点。

图 4.4　V 带传动

（3）同步齿形带传动

数控机床上常采用同步齿形带传动（如图 4.5 所示）,这是一种特殊的带传动,它是综合了带、链传动优点的新型传动方式。带的工作面做成齿形,带轮的轮缘表面也做成相应的齿形,带与带轮主要靠啮合进行无滑动的啮合传动。同步齿形带的带型有梯形齿和圆弧齿,如图 4.5(c)、图 4.5(d)所示。带内采用了加载后无弹性伸长的材料作强力层,以保持带的节距不变,可使主、从动带轮作无相对滑动的同步传动。图 4.5(b)中,1—强力层,2—带齿,3—包布层,4—带背。

同步齿形带传动主要用于要求传动比准确的场合。

与一般带传动相比,同步齿形带传动具有如下优点。

① 传动效率高,可达 98% 以上。

② 无滑动,传动比准确。

③ 传动平稳,噪声小。

④ 齿形带薄且轻,使用范围较广,速度可达 50 m/s,速比可达 10 左右。结构紧凑,耐磨

性好;由于预拉力小,承载能力也较小。

⑤ 维修保养方便,不需要润滑。

⑥ 制造和安装精度要求甚高,要求有严格的中心距,带与带轮制造工艺较复杂,成本高。

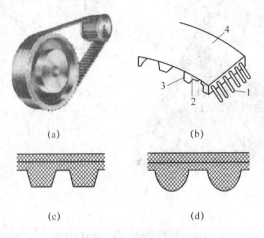

(a)

(b)

(c)

(d)

图 4.5　同步带传动

(4) 多楔带

数控机床上应用的多楔带又称复合三角带,横向断面呈多个楔形,如图 4.6 所示,楔角为 40°。传递负载主要靠强力层。强力层中有多根钢丝绳或涤纶绳,具有较小伸长率、较大的抗拉强度和抗弯疲劳强度。带的基底及缓冲楔部分采用橡胶或聚氨树脂。多楔带综合了 V 带和平带的优点,运转时振动小、发热少、运转平稳、重量轻,因此可在 40 m/s 的线速度下使用。此外,多楔带与带轮的接触好,负载分布均匀,即使瞬时超载,也不会产生打滑,而传动功率比 V 带大 20%～30%,因此能够满足主传动要求的高速、大转矩和不打滑的要求。多楔带安装时需较大的张紧力,使得主轴和电动机承受较大的径向负载,这是多楔带的一大缺点。

面胶

强力层

缓冲层

图 4.6　多楔带传动

3. 电动机与主轴直联的主传动

电动机与主轴直联的主传动(如图 4.7 所示)的优点是结构紧凑、传动效率高,但主轴转速的变化及转矩的输出完全受电机的限制,随着主轴电机性能的提高,这种形式越来越多地被采用。

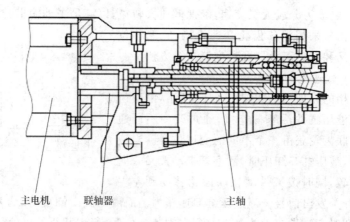

主电机　　联轴器　　　　　　　主轴

图 4.7　直联传动

4. 电主轴

如图 4.8 所示为电主轴结构。电主轴通常作为现代机电一体化的功能部件,装备在高速数控机床上。其主轴部件结构紧凑、重量轻、惯量小、节能高效,可提高启动、停止的响应特性,有利于控制振动和噪声,这种主传动方式大大简化了主轴箱体与主轴的结构,有效地提高了主轴部件的刚度。缺点是制造和维护困难且成本较高,主轴输出转矩小,电动机运转产生的热量直接影响主轴,主轴的热变形严重影响机床的加工精度,因此合理选用主轴轴承以及润滑、冷却装置十分重要。

电主轴一般要配备变频电源使用。

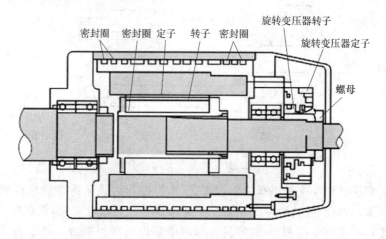

密封圈　密封圈　定子　转子　密封圈　　　旋转变压器转子

旋转变压器定子

螺母

图 4.8　电主轴

按照变速的级数,主传动又可分为一级变速和多级变速方式。

1. 经过一级变速的主传动

一级变速目前多用 V 带或同步带来完成,其优点是结构简单安装调试方便,且在一定程度上能够满足转速与转矩输出要求,但主轴调速范围比仍与电动机一样,受电动机调速范围比的约束。

2. 带有变速齿轮的多级变速

如图 4.9 所示二级变速示意图,这种配置方式大、中型数控机床采用较多。它通过少数几对齿轮降速,使之成为分段无级变速,确保低速大转矩,以满足主轴输出转矩特性的要求。

机械变速机构常采用滑移齿轮变速机构,它的移位大多采用液压拨叉和电磁离合器两种变速操纵方法。

(1)液压拨叉变速机构

液压变速机构的原理和形式如图 4.10 所示,滑移齿轮的拨叉与变速液压缸的活塞杆连接,通过改变不同通油方式可以使三联齿轮获得三个不同的变速位置。当液压缸 1 通压力油,液压缸 5 卸压时,活塞杆带动拨叉 3 向左移动到极限位置,同时拨叉带动三联齿轮移动到左端

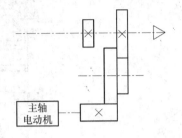

图 4.9 二级变速示意图

啮合位置,行程开关发出信号。当液压缸 5 通压力油而液压缸 1 卸压时,活塞杆 2 和套筒 4 一起向右移动,此时三联齿轮被拨叉 3 移到右端啮合位置,行程开关发出信号。当压力油同时进入左右两液压缸时,由于活塞杆 2 两端直径不同使活塞杆向左移动,活塞杆靠上套筒 4 的右端时,此时活塞杆左端受压力大于右端,活塞杆不再移动,拨叉和三联齿轮被限制在中间位置,行程开关发出信号。

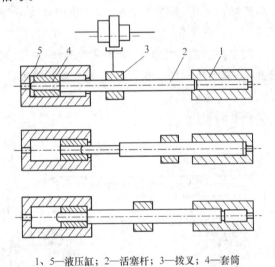

1、5—液压缸;2—活塞杆;3—拨叉;4—套筒

图 4.10 液压拨叉示意图

液压拨叉变速必须在主轴停车之后才能进行,但停车时拨叉拨动滑移齿轮啮合又可能产生"顶齿"现象。因此,在这种主运动系统中通常设有一台微电动机,它在拨叉移动齿轮的同时带动各传动齿轮作低速回转,这样就可以使滑移齿轮顺利啮合。液压拨叉变速是一种有效的方法,但它需要配置液压系统。

(2)电磁离合器变速

电磁离合器是应用电磁效应或切断运动的元件,由于它便于实现自动操作,并有现成的系列产品选用,因而它已成为自动装置中常用的操纵元件。电磁离合器用于数控机床主传动时,能简化变速机构,依靠安装在各传动轴上离合器的动作,可以改变齿轮的传动路线,实现主轴变速。

如图 4.12 所示为 THK6380 型自动换刀数控铣镗床的主传动系统图,该机床采用双速电动机和六个电磁离合器完成 18 级变速。

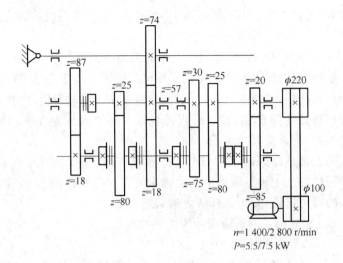

图 4.11　THK6380 型数控铣镗床的主传动系统图

4.2.4　主轴组件及其装调

1. 主轴组件的概念及要求

主轴组件是由主轴、主轴支承、装在主轴上的传动件和密封件等组成。机床加工时，主轴带动工件或刀具直接参与表面成型运动，所以主轴的精度、刚度和热变形对加工质量和生产效率等有重大的影响。如图 4.12 所示为某加工中心主轴。

对主轴组件的要求有以下几个。

（1）回转精度要高。回转精度即瞬时回转中心线与理想回转线之差。分为径向跳动和端面跳动误差。

（2）刚度好。如图 4.13 所示，刚度 $K=F/Y$，F 是受力大小，Y 是位移大小。

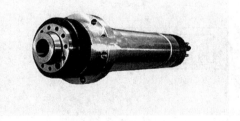

图 4.12　主轴

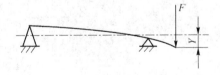

图 4.13　主轴刚度示意图

（3）抗振性好。提高抗振性必须提高组件静刚度，必要时安装阻尼器。

（4）温升小。先进的数控机床采用恒温主轴箱。

（5）耐磨性好。长时间高速旋转的主轴组件的耐磨性要求要好，从而保证主轴运动精度。

2. 主轴端部结构

数控机床主轴端部用于安装刀具或夹持工件的夹具。要求夹具和刀具在主轴端部定位精度高、定位刚度好、装卸方便,同时使主轴的悬伸长度短,并能传递足够的扭矩。数控机床主轴端部的结构形状基本都已标准化了。

如图 4.14(a)所示为车床主轴端部结构。一般采用短圆锥法兰盘。短圆锥法兰结构有很高的定心精度,主轴悬伸长度短,大大提高了主轴的刚度。卡盘靠前端的短圆锥面和凸缘端面定位,用拨销传递扭矩,卡盘装有固定螺栓,卡盘装于主轴端部时,螺栓从凸缘上的孔中穿过,转动快卸卡板将数个螺栓同时卡住,再拧紧螺母将卡盘固定在主轴端部。主轴为空心,前端有莫氏锥度孔,用以安装顶尖或心轴。

数控铣、镗床的主轴端部如图 4.14(b)所示,数控机床主轴前端有 7:24 的锥孔,用于装铣刀柄或刀杆,并用拉杆从主轴后端拉紧。主轴端面有一端面键,既可通过它传递刀具的扭矩,又可用于刀具的周向定位,并用拉杆从主轴后端拉紧。

如图 4.14(c)所示,适用于内圆磨床砂轮主轴的端部。

如图 4.14(d)所示,适用于外圆磨床砂轮主轴的端部。

图 4.14(e)、图 4.14(f)为钻床主轴的端部,刀具由莫氏锥孔定位,锥孔后端第一个扁孔用于传递扭矩,第二个扁孔用于拆卸刀具。(f)图是加了钻套的结构形式。

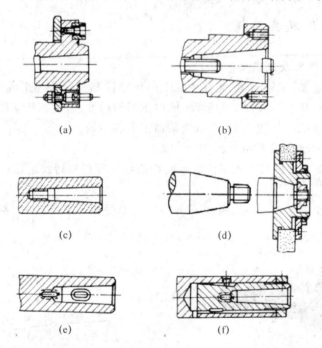

(a)　　　　　　　　　　(b)

(c)　　　　　　　　　　(d)

(e)　　　　　　　　　　(f)

图 4.14　主轴轴端形式

3. 主轴的支承

主轴支承是主轴组件的重要组成部分,它的类型结构、配置、精度、安装、润滑和冷却直接影响主轴组件的工作性能。常用的有滚动轴承、滑动轴承。另外,在数控机床上的滑动轴承也有采用磁悬浮轴承的。

滚动轴承的摩擦阻力小,可以预紧、润滑、维护简单,能在一定转速范围和载荷变动范围下稳定的工作。可以根据滚体的不同分为球轴承、滚柱滚子轴承、圆锥滚子轴承三大类。为了适应主轴高速发展的要求,滚珠轴承的滚珠可以用陶瓷滚珠代替,其具有质量轻、热膨胀系数小、耐高温、离心力小、动摩擦力小、预紧力稳定、弹性变形小、刚度高等特点。但是成本高。

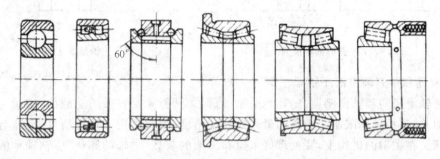

图 4.15　几种常用滚动轴承

滑动轴承如图 4.16 所示。滑动轴承在数控机床最常用的是静压滑动轴承。静压滑动轴承的油膜压强由液压缸从外界供给，与主轴转速的高低无关，承载能力不随转速而变化，而且无磨损，启动和运转时摩擦力矩相同。所以静压轴承的回转精度高，刚度大。但是静压轴承需要一套液压装置，成本较高，污染大。

滑动轴承具有工作平稳、噪声小、耐冲击能力和承载能力大等优点，因此，在高速、重载、高精度等场合下得到了广泛应用。由于滑动轴承没有磨损，使用寿命长，启动功率小，在极低（甚至为零）的速度下也能应用。

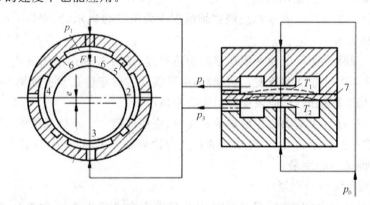

图 4.16　滑动轴承

（1）数控机床主轴轴承配置

a. 前后支承采用不同轴承

前支承采用双列短圆柱滚子轴承和 60° 角接触双列推力向心球轴承组合，承受径向和轴向载荷，后支承采用成对角接触球轴承，如图 4.17 所示。这种结构配置形式是现代数控机床主轴结构中刚性最好的一种，它使主轴的综合刚度得到大幅度提高，可以满足强力切削的要求，目前各类数控机床的主轴普遍采用这种配置形式。

b. 前轴承采用高精度双列向心推力球轴承

向心推力球轴承高速时性能良好，主轴最高转速可达 4 000 r/min。但是，它的承载能力小，因而适用于高速、轻载和精密的数控车床的主轴，如图 4.18 所示。

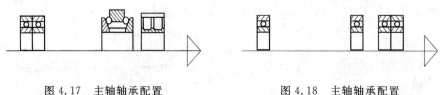

图 4.17　主轴轴承配置　　　　　图 4.18　主轴轴承配置

c. 双列和单列圆锥滚子轴承

这种轴承径向和轴向刚度高,能承受重载荷,尤其能承受较强的动载荷,安装与调整性能好。但是,这种轴承限制了主轴的最高转速和精度,因此适用于中等精度、低速与重载的数控机床。在主轴的机构上,要处理好卡盘和刀架的装夹、主轴的卸荷、主轴轴承的定位和间隙调整。如图 4.19 所示。

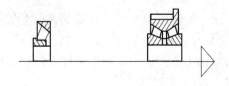

图 4.19　主轴轴承配置

（2）轴承精度配置

在数控机床上,主轴轴承精度一般有 BCD 三级,对于精密级主轴,前支承采用 B 级轴承,后支承采用 C 级轴承。普通精度级主轴前支承采用 C 级轴承,后支承采用 D 级轴承。

（3）轴承的安装

一个轴承的装配:轴承主轴支承孔存在制造误差,通过各种误差的分析,采用选配法进行装配,可以提高主轴部件的精度。装配时,尽可能使主轴定位孔与主轴轴颈的偏心距和轴承内圈与滚道偏心距接近,可使装配后的偏心距减小。

两个轴承的装配:两支承的主轴轴承装配时,应使前后二支承轴承的偏心距方向相同的安装,适当的选择偏心距的大小,前轴承的精度应比后轴承的精度高,使装配后的主轴部件的前端定位表面的偏心距最小。

（4）滚动轴承间隙与预紧

滚动轴承存在较大间隙时,载荷将集中在受力方向上的少数滚动体上,使轴承刚度下降,承载能力下降,受力降低,旋转精度差。将滚动轴承适当预紧,使滚动体与轴承内外圈滚道在接触处产生变形,受载后承载的滚动体增多,受力趋向均匀,提高了承载能力和刚度,有利于减少主轴回转线的漂移,提高旋转精度。如过盈量太大,轴承的摩擦磨损加剧,将使受力明显下降,减少使用寿命。

4.2.5　主轴的自动装夹和吹屑装置

在加工中心上,为了实现刀具在主轴上的自动装卸,其主轴必须设计有自动夹紧机构。如图 4.20 所示为刀具自动夹紧机构原理图。其工作过程为:刀柄 1 由主轴抓刀爪 2 夹持,碟形弹簧 5 通过拉杆 4,抓刀爪 2 在内套 3 的作用下将刀柄的拉钉拉紧,当换刀时,要求松开刀柄。此时将主轴上端气缸的上腔通压缩空气,活塞 7 带动压杆 8 及拉杆 4 向下移动。

同时压缩碟形弹簧 5，当拉杆 4 下移到使抓刀爪 2 的下端移出内套 3 时，刀爪张开。同时拉杆 4 将刀柄顶松，刀具即可由机械手或刀库拔出。待新刀装入后，气缸 6 的下腔通压缩空气。在碟形弹簧的作用下，活塞带动抓刀爪上移，抓刀爪拉杆重新进入内套 3，将刀柄拉紧。活塞 7 移动的两个极限位置分别设有行程开关 10，作为刀具夹紧和松开的信号。

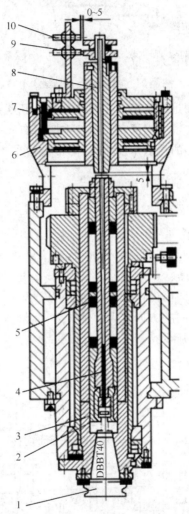

1—刀柄；2—刀爪；3—内套；4—拉杆；5—弹簧；
6—气缸；7—活塞；8—压杆；9—撞块；10—行程开关

图 4.20　主轴刀具夹紧装置

　　刀杆尾部的拉紧机构，除上述的刀爪式外，常见的还有钢球拉紧机构，其内部结构如图 4.21 所示。

　　自动清除主轴孔内的灰尘和切屑是换刀过程中的一个不容忽视的问题。如果主轴锥孔中落入了切屑、灰尘或其他污物，在拉紧刀杆时，锥孔表面和刀杆的锥柄就会被划伤，甚至会使刀杆发生偏斜，破坏了刀杆的正确定位，影响零件的加工精度，甚至会使零件超差报废。为了保持主轴锥孔的清洁，常采用的方法是使用压缩空气吹屑。在活塞推动拉杆松开刀柄

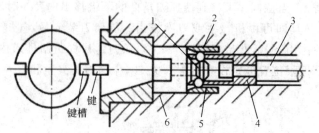

1—刀柄拉钉；2—钢球；3—主轴拉杆；4，5—套筒；6—主轴

图 4.21　钢球夹紧刀具结构

的过程中,压缩空气由喷气头经过活塞中心孔和拉杆中的孔吹出,将锥孔清理干净,防止主轴锥孔中掉入切屑和灰尘,把主轴孔表面和刀杆的锥柄划伤,保证刀具的正确位置。为了提高吹屑效率,喷气小孔要有合理的喷射角度,并均匀布置。

4.2.6　主轴组件实例

1. CA6140 型车床主轴组件

前支承 3 为 NN3000/P4 型双列圆柱滚子轴承,调整锁紧螺母 5 来实现预紧,有利于提高主轴前支的刚度和旋转精度。后支承外端采用 7202/P5 型角接触球轴承 8,大口朝外（ =25°）,以承受径向力和由后向前（自左向右）方向的轴向力;内侧为 53202/P5 型推力球轴承 7,能承受由前向后（自右向左）方向较大的轴向力,调整锁紧螺母 10,推动内隔套 9,可以预紧轴承 8 和 7。如图 4.22 所示。

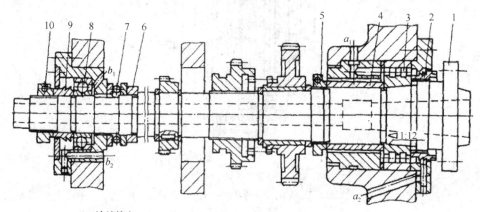

1—法兰接盘；2，4，6，9—隔套；3—轴承；5—螺母；7，8—轴承；10—锁紧螺母

图 4.22　CA6140 型车床主轴组件

2. XHK5140 型自动换刀数控机床

前支承 2（NN3000K/P4 型）和双向推力角接触球轴承 3（234400 型）组配,为提高前支承的旋转精度和刚度,可以修磨前端的调整半环 1 和轴承 3 中的隔套 4,转动锁紧螺母 7 可以消除轴承 2 和 3 的间隙或预紧。后支承 11 为两个 6000C/P4 型深沟球轴承（ =15°）背靠背组配,通过修磨内隔套 12,调整螺母 13 进行预紧。主轴前端内锥孔锥度为 7:24,用作锥

柄刀具或刀杆的定位,主轴端面有两个对称的端面键 23,用于传递刀具的较大的转矩。这类主轴组件的刚度较高,中等转速(dm ≤500 000～600 000),精度较高。如图 4.23 所示。

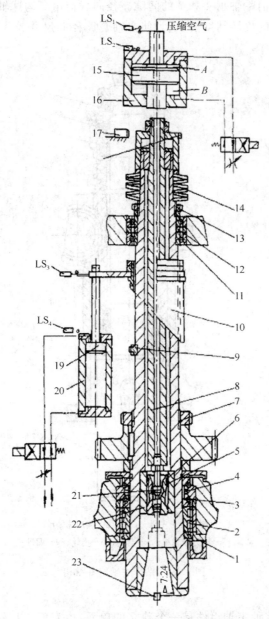

1—半环;2—双列圆柱滚子轴承;3—双向推力角接触球轴承;
4、12—隔套;5—卡爪;6—弹簧;7、13—螺母;8—拉杆;9—定位滚子;
10—凸轮;11—深沟球轴承;14—碟形弹簧;15、19—活塞;16、20—液压缸;
17—行程开关(无触点);18—接近体;21—喷气头;22—套筒;23—端面键

图 4.23　XHK5140 型自动换刀数控机床

3. 钻床

图 4.24 所示,主轴 1 的旋转主运动由其尾部的花键传入,主轴由轴承 3 和 8 支承在套

筒 5 内旋转;转动齿轮 6,使套筒(右侧面为齿条)连同主轴作轴向进给运动,该主轴的轴向力较大,径向载荷较小,如轴向切削力(向上)用推力球轴承 4 承担,主轴的重量由推力球轴承 7 来支承,用螺母 9 消除轴承 4 和 7 的间隙。径向载荷由深沟球轴承 3 支承,其游隙不需调整,就可以满足主轴的旋转精度要求;为使主轴套筒径向尺寸较为紧凑,上下支承均采用特轻型的轴承。

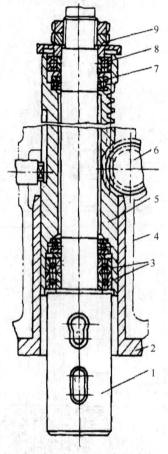

1—主轴; 2—支承套; 3,8—深沟球轴承;
4,7—推力球轴承;5—套筒;6—齿轮;9—螺母

图 4.24　钻床主轴组件结构

4. 磨床

如图 4.25 所示,这种主轴组件是一个独立的单元,由专门工厂制造。主轴的转动由电动机($P=1.3\,\text{kW}$)经平带输入主轴左端平带轮,主轴的右端装砂轮杆。主轴两端载荷都较大,故前后支承都配置两个同向角接触球轴承,若载荷较小时,两端支承各装一个轴承。由于磨削时轴向载荷为左右对称而且又不大,故轴承采用背靠背组配也是对称方式,其接触为 $15°$,该主轴最高转速为 $16\,000\,\text{r/min}$,属于高精度、高速型主轴组件,故选用 P2 级精度轴承,采用定压预紧方式,预紧力靠螺旋弹簧保证。如主轴因运转发热而伸长,其伸长量远小于弹簧的预压量,能自动消除间隙并使预紧力基本保持不变。通过修磨内外圈之间的隔套 3 和 4,可以使两个轴承均匀受力。

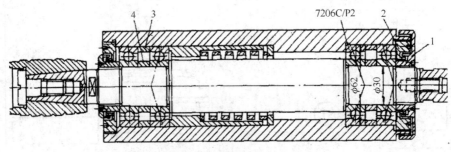

1—轴承端盖；2—密封套；3，4—隔套

图 4.25　磨床主轴组件结构

4.2.7　主轴润滑与密封

1. 主轴润滑

良好的润滑效果,可以降低轴承的工作温度和延长使用寿命。为了保证主轴有良好的润滑,减少摩擦发热,同时又能把主轴组件的热量带走,通常采用循环式润滑系统,用液压泵强力供油润滑,使用油温控制器控制油箱油液温度。新型的润滑冷却方式不单要减少轴承温升,还要减少轴承内外圈的温差,以保证主轴热变形小。

常见主轴润滑方式有如下几种。

① 油脂润滑

在采用油脂润滑时,主轴轴承的封入量通常为轴承空间容积的 10%,切忌随意填满,因为油脂过多,会加剧主轴发热。高档数控机床主轴轴承采用了高级油脂封存方式润滑,每加一次油脂可以使用 7~10 年。

② 油液润滑

对于油液循环润滑,在操作使用中要做到每天检查主轴润滑恒温油箱,看油量是否充足,如果油量不够,则应及时添加润滑油;同时要注意检查润滑油温度范围是否合适。

③ 油雾润滑

油雾润滑方式是连续供给油雾,雾状的油雾可以增大油液的润滑和散热面积。

④ 油气润滑

油气润滑方式近似于油雾润滑方式,油气润滑则是定时定量地把油雾送进轴承空隙中,这样既实现了油雾润滑,又避免了油雾太多而污染周围空气。如图 4.26 所示为油气润滑原理图。根据轴承供油量的要求,定时器的循环时间为 1~99 min,二位二通气阀每个循环间隔开通一次,压缩空气进入注油器,把少量油带入混合室,经节流阀的压缩空气经混合室把油带进塑料管道内,油液沿管道壁被风吹进轴承内,此时,油成小油滴状。

喷注润滑(如图 4.27 所示)。喷注润滑方式是用较大流量的恒温油喷注到主轴轴承,以达到润滑、冷却的目的。这里较大流量喷注的油必须靠排油泵强制排油,而不是自然回流。同时,还要采用专用的大容量高精度恒温油箱,油温变动控制在 ±0.5℃。

在操作使用中要注意到:低速时,采用油脂、油液循环润滑;高速时采用油雾、油气润滑方式。

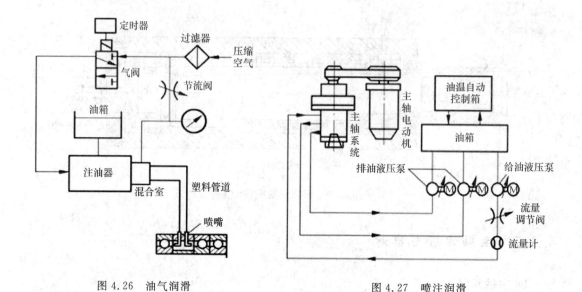

图 4.26 油气润滑　　　　　　图 4.27 喷注润滑

2. 主轴部件的密封

主轴部件的密封则不仅要防止灰尘、屑末和切削液进入主轴部件,还要防止润滑油的泄漏。在密封件中,被密封的介质往往是以穿漏、渗透或扩散的形式越界泄漏到密封连接处的彼侧。造成泄漏的基本原因是流体从密封面上的间隙中溢出,或是由于密封部件内外两侧密封介质的压力差或浓度差,致使流体向压力或浓度低的一侧流动。

主轴部件的密封有接触式和非接触式密封。

对于采用油毡圈和耐油橡胶密封圈的接触式密封,要注意检查其老化和破损。如图 4.28 所示为接触式密封。

对于非接触式密封,为了防止泄漏,重要的是保证回油能够尽快排掉,要保证回油孔的通畅。如图 4.29 所示为非接触式密封中的迷宫式密封,在切屑多、灰尘大的工作环境下可获得可靠的密封效果,这种结构适用油脂或油液润滑的密封。迷宫密封可分为径向和轴向两种形式。径向和轴向间隙的选择:$d \leqslant 50$ mm,$a = 0.20 \sim 0.30$ mm,$b = 1.0 \sim 1.5$ mm;$d = 50 \sim 200$ mm,$a = 0.30 \sim 0.50$ mm,$b = 1.5 \sim 2.0$ mm。

接触式有摩擦和磨损,发热严重,用于低速主轴。非接触式有迷宫式和隙缝式,发热很小,应用广泛。

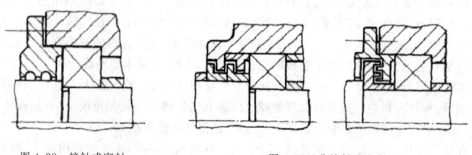

图 4.28 接触式密封　　　　　　图 4.29 非接触式密封

4.2.8 主轴准停结构

数控机床为了完成 ATC(刀具自动交换)的动作过程,必须设置主轴准停机构。由于刀具装在主轴上,切削时切削转矩不可能仅靠锥孔的摩擦力来传递,因此在主轴前端设置一个突键,当刀具装入主轴时,刀柄上的键槽必须与突键对准,才能顺利换刀,因此,主轴必须准确停在某固定的角度上。由此可知主轴准停是实现 ATC 过程的重要环节。通常主轴准停机构有 2 种方式,即机械方式与电气方式。

1. 机械方式

采用机械凸轮机构或光电盘方式进行粗定位,然后由一个液动或气动的定位销插入主轴上的销孔或销槽实现精确定位,完成换刀后定位销退出,主轴才开始旋转。采用这种传统方法定位,结构复杂,在早期数控机床上使用较多。如图 4.30 所示。

2. 电气方式

一般有以下两种方式。一种是用磁性传感器检测定位,在主轴上安装一个发磁体与主轴一起旋转,在距离发磁体旋转外轨迹 $1\sim2$ mm 处固定一个磁传感器,它经过放大器与主轴控制单元相连接,当主轴需要定向时,便可停止在调整好的位置上(如图 4.31 所示)。另一种是用位置编码器检测定位,这种方法是通过主轴电动机内置安装的位置编码器或在机床主轴箱上安装一个与主轴 1:1 同步旋转的位置编码器来实现准停控制,准停角度可任意设定。现代数控机床采用电气方式定位较多。

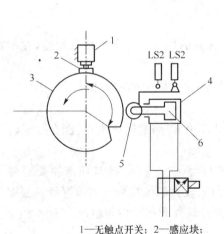

1—无触点开关;2—感应块;
3—凸轮定位盘;4—定位液压缸;5—定位滚轮;6—定位活塞

图 4.30 机械准停定位

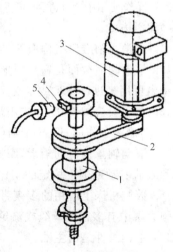

1—主轴;2—同步感应器;
3—主轴电动机;4—永磁铁;5—磁传感器

图 4.31 电气准停定位

4.3 项目检测

填空题

1. 数控机床的主传动系统是机床成型运动之一,用来实现机床的主运动,它将主轴电机的原动力通过该传动系统变成可供切削加工的(　　　)和(　　　)。

2. 数控机床主传动系统的精度决定了零件的(　　　)。

3. 为了适应各种不同材料的加工及各种不同的加工方法,要求数控铣床的主传动系统要有较宽的(　　　)及相应的(　　　)。

4. 主轴部件的精度包括(　　　)和(　　　)。

5. 运动状态下的旋转精度主要取决于主轴的(　　　)、(　　　)和(　　　)的平衡。

6. 数控机床多采用(　　　)作为衡量主轴部件刚度的指标。

7. 机械变速机构常采用(　　　)变速机构,它的移位大多采用(　　　)和(　　　)两种变速操纵方法。

8. 数控机床主轴的支承常用的有(　　　)、(　　　)。

9. 为了保证主轴有良好的润滑,减少摩擦发热,同时又能把主轴组件的热量带走,通常采用(　　　)润滑系统,用液压泵强力供油润滑,使用油温控制器控制油箱油液温度。

10. 操作使用中要注意到:低速时,采用(　　　)、(　　　)循环润滑;高速时采用(　　　)、(　　　)润滑方式。

11. 通常主轴准停机构有 2 种方式,即(　　　)与(　　　)。

12. 平带的横截面是扁平矩形,工作面是与轮缘接触的(　　　)。平带可扭曲,在小功率传动中可用来进行交叉或半交叉传动。

13. 在一般机械传动中,应用最为广泛的是 V 带传动。V 带的横截面呈(　　　),传动时,以两侧为工作面,但 V 带与(　　　)不接触。

14. 滚动轴承较滑动轴承,摩擦阻力(　　　),可以预紧,润滑简单维护,能在一定转速范围和载荷变动范围下稳定的工作。

15. 数控机床上应用的多楔带又称(　　　),楔角为(　　　)。传递负载主要靠强力层。强力层中有多根钢丝绳或涤纶绳,具有较小伸长率、较大的抗拉强度和抗弯疲劳强度。

16. 主轴组件是由主轴、(　　　)、装在主轴上的传动件和密封件等组成。

选择题

1. 回转精度即瞬时回转中心线与理想回转线之差。分为径向跳动和(　　　)误差。

A. 圆柱度　　　　　B. 端面跳动　　　　　C. 平行度　　　　　D. 圆度

2. 图 4.32 是对数控机床主轴组件(　　　)方面的示意。

A. 回转精度　　　　B. 刚度　　　　　　　C. 抗振性　　　　　D. 耐磨性

3. 下面哪个图是数控车床主轴端部的结构(　　　)。

4. 数控机床加工精度的提高,与主传动系统的(　　　)密切相关。

A. 调速范围　　　　B. 刚度　　　　　　　C. 热稳定性　　　　D. 抗振性

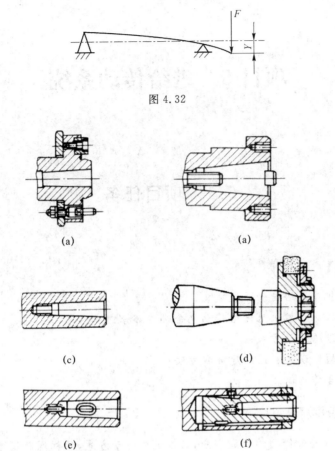

图 4.32

图 4.33

5. 在一般机械传动中,应用最为广泛的是(   )传动。

A. 平带   B. V 带   C. 齿形带   D. 多楔带

简答题

1. 数控机床主轴端部安装刀具或夹持工件的结构要求是什么?

2. 为什么对主轴部件进行密封?

3. 齿轮传动的特点是什么?

4. V 带传动的特点是什么?

5. 同步齿形带传动优点是什么?

6. 滑动轴承特点是什么?

项目 5　进给传动系统

5.1　项目任务

【学习任务】

1. 理解数控机床进给传动系统定义；
2. 了解数控机床数控机床进给传动包含哪些部分；
3. 掌握数控进给传动方式；
4. 熟悉丝杠螺距误差补偿的原理和方法；
5. 培养小组合作意识。

【学习重点与难点】

重点：数控机床进给传动的组成部分，数控进给传动方式，丝杠螺距误差补偿的方法。
难点：数控进给传动方式。

5.2　项目内容

5.2.1　数控机床进给传动系统定义

进给系统即进给驱动装置，驱动装置是指将伺服电机的旋转运动变为工作台直线运动的整个机械传动链，主要包括减速装置、丝杠螺母副及导向元件等。

5.2.2　数控机床进给传动方式

在数控机床进给驱动系统中常用的机械传动装置主要有：滚珠丝杠螺母副、静压蜗杆-蜗母条、预加载荷双齿轮-齿条及双导程蜗杆等。

1. 滚珠丝杠螺母副传动

为了提高数控机床进给系统的快速响应性能和运动精度,必须减少运动件的摩擦阻力和动静摩擦力之差。为此,在中小型数控机床中,滚珠丝杠螺母副是采用得最普遍的结构。

(1) 滚珠丝杠副的工作原理

滚珠丝杠副是回转运动与直线运动相互转换的新型传动装置,是在丝杠和螺母之间以滚珠为滚动体的螺旋传动元件。其结构原理示意如图 5.1 所示,图中丝杠和螺母上都加工有弧形螺旋槽,将它们套装在一起时,这两个圆弧形的螺旋槽对合起来就形成了螺旋滚道,并在滚道内装满滚珠。当丝杠相对于螺母旋转时,滚珠则既自转又沿着滚道流动。为了防止滚珠从螺母中滚出来,在螺母的滚道两端用返回装置

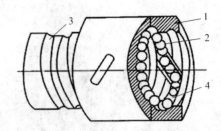

1—螺母;2—滚珠;3—丝杠;4—回路管道

图 5.1　滚珠丝杠副的结构

(又称回珠器)连接起来,使滚珠滚动数圈后离开滚道,通过返回装置返回其入口继续参加工作,如此往复循环滚动。

(2) 滚珠丝杠副的特点

由以上滚珠丝杠螺母副传动的工作过程,可以明显看出滚动丝杠副的丝杠与螺母之间是通过滚珠来传递运动的,使之成为滚动摩擦,这是滚珠丝杠区别于普通滑动丝杠的关键所在,其特点主要有以下几点。

① 传动效率高。滚珠丝杠副的传动效率高达 $95\% \sim 98\%$,是普通梯形丝杠的 $3 \sim 4$ 倍,功率消耗减少 $2/3 \sim 3/4$。

② 灵敏度高、传动平稳。由于是滚动摩擦,动静摩擦系数相差极小。因此低速不易爬行,高速传动平稳。

③ 定位精度高、传动刚度高。用多种方法可以消除丝杠螺母的轴向间隙,使反向无空行程,定位精度高,适当预紧后,还可以提高轴向刚度。

④ 不能自锁、有可逆性。即能将旋转运动转换成直线运动,也能将直线运动转换成旋转运动。因此丝杠在垂直状态使用时,应增加制动装置或平衡块。

⑤ 制造成本高。滚珠丝杠和螺母等元件的加工精度及表面粗糙度等要求高,制造工艺较复杂,成本高。

(3) 滚珠丝杠副的循环方式

常用的循环方式有两种:滚珠在循环反向过程中,与丝杠滚道脱离接触的称为外循环,如图 5.2 所示;而在整个循环过程中,滚珠始终与丝杠各表面保持接触的称为内循环。如图 5.3 所示。

① 外循环

外循环是滚珠在循环过程结束后通过螺母外表的螺旋槽或插管返回丝杠螺母间重新进入循环。

外循环滚珠丝杠螺母副按滚珠循环时的返回方式主要有端盖式、插管埋入式、插管突出式和螺旋槽式。

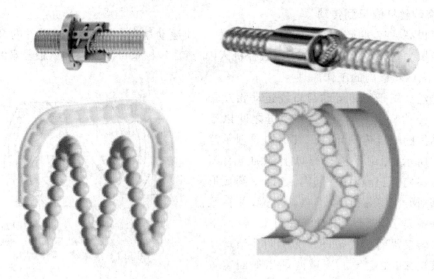

图 5.2　外循环回流方式　　　　图 5.3　内循环回流方式

　　如图 5.4(a)所示为端盖式。在螺母末端加工出纵向孔,作为滚珠的回程管道,螺母两端的盖板上开有滚珠的回程口,滚珠由此进入回程管,形成循环。

　　如图 5.4(b)所示为插管式。它用弯管作为返回管道,在螺母外圆上装有螺旋形的插管口,其两端接入滚珠螺母工作始末两端孔中,以引导滚珠通过插管,形成滚珠的多圈循环链。这种形式结构简单,工艺性好,承载能力较高,但径向尺寸较大。目前应用最为广泛,也可用于重载传动系统中。

　　如图 5.4(c)所示为螺旋槽式。它在螺母的外圆上铣出螺旋槽,槽的两端钻出通孔并与螺纹管道相切,形成返回通道,这种结构径向尺寸较小,但制造较复杂。

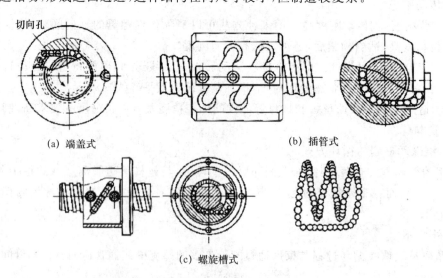

(a) 端盖式　　　　　　　　　　　(b) 插管式

(c) 螺旋槽式

图 5.4　外循环方式

　　② 内循环

　　如图 5.5 所示为内循环滚珠丝杠。内循环均采用反向器实现滚珠循环,它靠螺母上安装的反向器接通相邻两滚道,形成一个闭合的循环回路,使滚珠成单圈循环。反向器 2 的数目与滚珠圈数相等,一般有 2～4 个,且沿圆周等分分布。

这种类型的结构紧凑,刚度好,滚珠流通性好,摩擦损失小效率高;适用于高灵敏、高精度的进给系统,不宜用于重载传动,且制造较困难。

反向器有两种类型:圆柱凸键反向器和扁圆镶块反向器。

如图 5.5(a)所示为圆柱凸键反向器,他的圆柱部分嵌入螺母内,端部开有反向槽。反向槽靠圆柱外圆面及其上端的圆键定位,以保证对准螺纹滚道方向。

如图 5.5(b)所示为扁圆镶块反向器,反向器为一般圆头平键形镶块,镶块嵌入螺母的切槽中,其端部开有反向槽,用镶块的外轮廓定位。

两种反向器比较,后者尺寸较小,从而减小了螺母的径向尺寸及缩短了轴向尺寸。但这种反向器的外轮廓和螺母上的切槽尺寸精度要求较高。

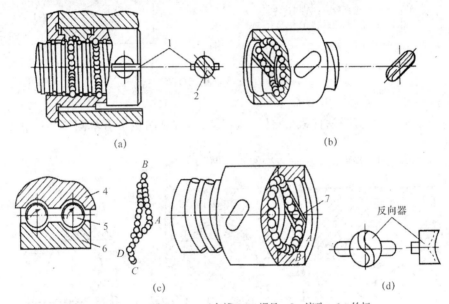

1—凸键;　2,7—反向槽;　4—螺母;　5—滚珠;　6—丝杠

图 5.5　内循环滚珠丝杠

(4) 滚珠丝杠副的参数定义(如图 5.6 所示)

公称直径 d_0:滚珠与螺纹滚道在理论接触角状态时包络滚珠球心的圆柱直径,它是滚珠丝杠副的特征尺寸。公称直径 d_0 越大,承载能力和刚度越大,推荐滚珠丝杠副的公称直径 d_0 应大于丝杠工作长度的 1/30。数控机床常用的进给丝杠,公称直径 d_0 为 30～80 mm。

导程 L:丝杠相对于螺母旋转任意弧度时,螺母上基准点的轴向位移。

基本导程 L_0:丝杠相对于螺母旋转 2π 弧度时,螺母上基准点的轴向位移。

接触角 β:在螺纹滚道法向剖面内,滚珠球心与滚道接触点的连线和螺纹轴线的垂直线间的夹角,理想接触角 β 等于 $45°$。

滚珠的工作圈数 n:试验结果已表明,在每一个循环回路中,各圈滚珠所受的轴向负载是不均匀的,第一圈滚珠承受总负载的 50% 左右,第二圈约承受 30%,第三圈约承受 20%。因此,滚珠丝杠副中的每个循环回路的滚珠工作圈数 i 取为 2.5～3.5 圈,工作圈数大于 3.5

无实际意义。

滚珠的总数 N：一般 N 不超过 150 个，若超过规定的最大值，则因流通不畅容易产生堵塞现象。反之，若工作滚珠的总数 N 太少，将使得每个滚珠的负载加大，引起过大的弹性形变。

此外还有丝杠螺纹大径 d、丝杠螺纹小径 d_1、螺纹全长 l、滚珠直径 d_b、螺母螺纹大径 D、螺母螺纹小径 D_1、滚道圆弧偏心距 e 以及滚道圆弧半径 R 等参数。

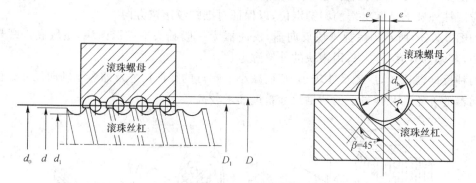

图 5.6　滚珠丝杠副参数

（5）滚珠丝杠的螺旋滚道型面

螺旋滚道型面（即滚道法向截形）的形状有多种，常见的截形有单圆弧型面和双圆弧型面两种。

如图 5.7 所示为螺旋滚道型面的简图。

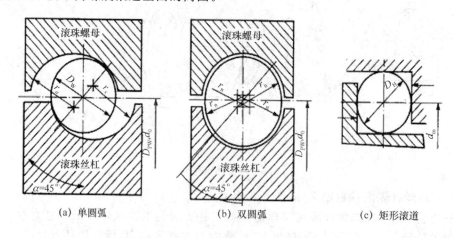

（a）单圆弧　　　　　　　（b）双圆弧　　　　　　　（c）矩形滚道

图 5.7　滚珠丝杠的螺旋滚道型面

（6）滚珠丝杠副轴向间隙调整和预紧

滚珠丝杠副的轴向间隙是指负载时滚珠与滚道型面接触的弹性变形所引起的螺母位移量和螺母原有间隙的总和，除了结构本身的游隙之外，在施加轴向载荷之后，轴向间隙还包括弹性变形所造成的窜动。它直接影响其传动刚度和精度。

常用的丝杠螺母副消除间隙的方法有单螺母消隙和双螺母消隙两类。

① 单螺母螺钉预紧

如图 5.8 所示，螺母的专业生产工作完成精磨之后，沿径向开一浅槽，通过内六角调整螺钉实现间隙的调整和预紧。该专利技术成功地解决了开槽后滚珠在螺母中良好的通过性,单螺母结构不仅具有很好的性能价格比,而且间隙的调整和预紧极为方便。

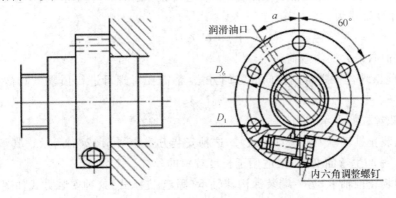

图 5.8 能消除间隙的单螺母结构

② 双螺母消隙

a. 垫片调隙式。如图 5.9 所示为垫片调隙式,调整垫片厚度使左右两螺母产生轴向位移,即可消除间隙和产生预紧力。这种方法结构简单,刚性好,但调整不便,滚道有磨损时不能随时消除间隙和进行预紧,适用于一般精度的数控机床。

b. 螺纹调隙式。如图 5.10 所示为螺纹调整式,是用键限制螺母在螺母座内的转动。调整时,拧动圆螺母将螺母沿轴向移动一定距离,在消除间隙之后用圆螺母将其锁紧。这种方法结构简单紧凑,调整方便,但调整精度较差,且易于松动。

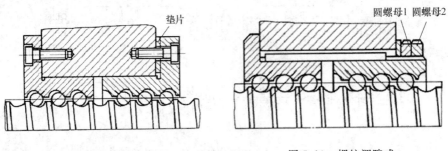

图 5.9 垫片调隙式   图 5.10 螺纹调隙式

c. 齿差调隙式。如图 5.11 所示为齿差调隙式,螺母和的凸缘上各制有一个圆柱外齿轮,两个齿轮的齿数相差一个齿,两个内齿圈和与外齿轮齿数分别相同,并用预紧螺钉和销钉固定在螺母座的两端。调整时先将内齿圈取下,根据间隙的大小调整两个螺母,分别向相同的方向转过一个或多个齿,使两个螺母在轴向移近了相应的距离达到调整间隙和预紧的目地。

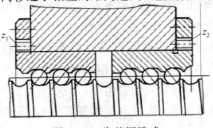

图 5.11 齿差调隙式

滚珠丝杠螺母副预紧的基本原理是使两个螺母产生轴向位移,以消除它们之间的间隙和施加预紧力。为保证传动精度及刚度,滚珠丝杠螺母副消除传动间隙外,还要求预紧。预紧力 F_V 的计算公式为:

$$F_V = (1/3)F_{max}$$

式中:F_{max}—轴向最大工作载荷。

上述消除滚珠丝杠螺母副轴向间隙的方法,都需要对螺母进行预紧。调整时只要注意预紧力大小 $F_V = (1/3)F_{max}$ 即可。

(7) 滚珠丝杠的支承结构

① 一端装止推轴承(固定-自由式)。这种安装方式如图 5.12(a)所示。其承载能力小,轴向刚度低,易产生弯曲变形,仅适用于长度较短的丝杠。

② 一端装止推轴承,另一端装深沟球轴承(固定-支承式)这种安装方式如图 5.12(b)所示。当滚珠丝杠较长时,一端装止推轴承固定,另一端由深沟球轴承支承。为了减小丝杠热变形的影响,止推轴承的安装位置应尽量远离热源或安装到冷却条件较好的地方。

③ 两端装止推轴承。这种安装方式如图 5.12(c)所示。这种方式是对丝杠进行预拉伸安装。这样做的好处是:减少丝杠因自重引起的弯曲变形;因丝杠有预紧力,所以丝杠不会因温升而伸长,从而保持丝杠的精度。

④ 两端装双重止推轴承及深沟球轴承(固定-固定式)。这种安装方式如图 5.12(d)所示。为提高刚度,丝杆两端采用双重支承,如止推轴承和深沟球轴承,并施加预紧拉力。这种结构方式可使丝杆的热变形转化为止推轴承的预紧力。

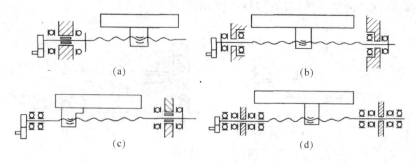

图 5.12 滚珠丝杠的支承结构

近来出现一种滚珠丝杠轴承,其结构如图 5.13 所示。这是一种能够承受很大轴向力的特殊角接触球轴承,与一般角接触球轴承相比,接触角增大到 $60°$,增加了滚珠的数目并相应减小滚珠的直径。这种新结构的轴承比一般轴承的轴向刚度提高两倍以上,使用极为方便。产品成对出售,而且在出厂时已经选配好内外环的厚度,装配调试时只要用螺母和端盖将内环和外环压紧,就能获得出厂时已经调整好的预紧力,使用极为方便。

(8) 滚珠丝杠的制动装置

滚珠丝杠副的摩擦角小于 $1°$,因此不自锁。如果滚珠丝杠副驱动升降运动(如主轴箱或升降台的升降),则必须有制动装置。由于滚珠丝杠不具有自锁性,用在垂直升降传动或水平放置的高速大惯量传动中,当外界动力消失后,执行部件可在重力和惯性力作用下继续运动,因此须设计可靠的锁紧装置,常用的锁紧装置一般由超越离合器和电磁摩擦离合器组成。

图 5.14 所示为数控卧式铣镗床主轴箱进给丝杠的制动装置示意图。

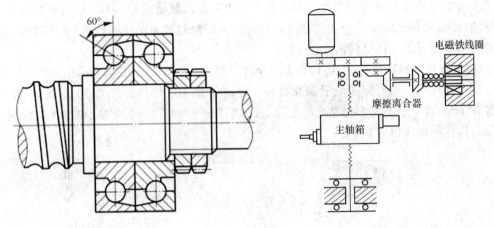

图 5.13　接触角 60°的角接触球轴承

图 5.14　数控卧式铣镗床主轴箱
进给丝杠的制动装置

另外,其他的制动方式还有:

- 用具有刹车作用的制动电动机;
- 在传动链中配置逆转效率低的高速比系列,如齿轮、蜗杆减速器等,此法是靠磨损损失达到制动目的,故不经济。

(9)滚珠丝杠副的使用防护

滚珠丝杠副和其他滚动摩擦的传动元件一样,如有硬质的灰尘或切屑等脏物落进滚道,就会妨碍滚珠的运转并加速磨损,因此有效的防护密封和保持润滑油的清洁就显得十分必要。常用的防尘密封装置是密封圈和防护罩相结合,密封圈系在滚珠螺母的两端,和丝杠直接接触,其材料有毛毡圈、耐油橡皮或尼龙等,防尘效果好。但有接触压力、摩擦力矩增加的现象,所以有时采用非接触式、由聚氯乙烯等塑料制成的迷宫密封圈。

如果滚珠丝杠副在机床上外露,则应采用封闭的防护罩,如采用螺旋弹簧钢带套管、伸缩套管以及折叠式套管等,如图 5.15 所示。

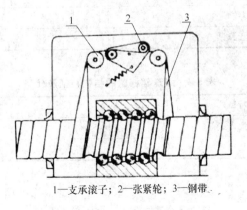

1—支承滚子;2—张紧轮;3—钢带

图 5.15　钢带缠卷式丝杠防护装置

滚珠丝杠副和普通滑动丝杠螺母副一样,要用润滑剂来提高耐磨性及传动效率。润滑剂可分为润滑油或润滑脂两大类。润滑油可采用一般机械油或 90~180 号透平油或 140 号主轴油,经过壳体上的油孔而注入螺纹的空间内。润滑脂可采用锂基油脂,油脂则加在螺纹滚道和安装螺母的壳体空间内。

(10)滚珠丝杠副的标注、结构类型和精度等级

滚珠丝杠副的型号标注是根据原机械工业部标准 JB/T3162.1—1991 的规定,采用汉语拼音字母、数字及英文字母结合标注法,表示滚珠丝杠副的结构、规格、精度和螺纹旋向等特征。具体的标注格式如下:

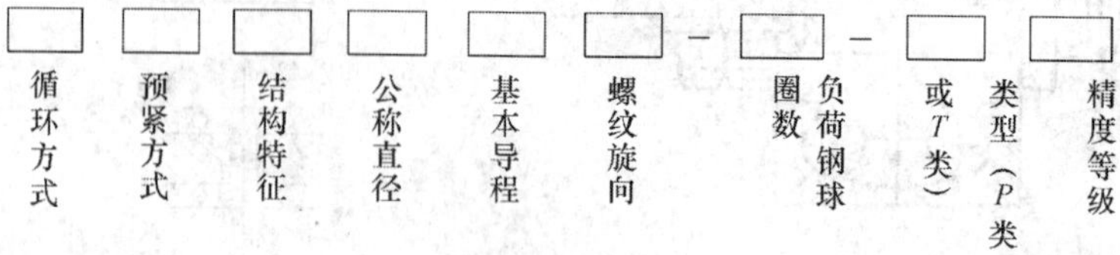

| 循环方式 | 预紧方式 | 结构特征 | 公称直径 | 基本导程 | 螺纹旋向 | — | 圈数 | 负荷钢球 | 或 T 类 | — | 类型(P 类) | 精度等级 |

滚珠丝杠副的类型有两类,T 类为传动滚珠丝杠副,P 类为定位滚珠丝杠副,即通过旋转角度和导程控制轴向位移量的滚珠丝杠副。

表 5-1 滚珠丝杠副的循环方式及代号

循环方式		代号
内循环	浮动式	F
	固定式	G
外循环	插管式	C
	端盖式	D

表 5-2 滚珠丝杠副的预紧及代号

预紧方式	标注代号
单螺母变位导程预紧	B
双螺母齿差预紧	C
双螺母垫片预紧	D
双螺母螺纹预紧	L
单螺母无预紧	W

表 5-3 滚珠丝杠副的结构特征及代号

结构特征	标注代号
导珠管埋入式	M
导珠管凸出式	T

表 5-4　滚珠丝杠副的精度等级及使用范围

精度等级	使用范围
1	数控磨床、数控向切割机床、数控镗床、坐标镗床及高精度数控加工中心
2	
3	数控钻床、数控车床、数控铣床及数控加工中心
4	
5	普通机床
7	普通传动轴
10	

例 1：CDM50 10-3-P3。表示外循环插管式、双螺母垫片预紧、导珠管埋入式的滚珠丝杠，其为公称直径 50 mm，基本导程 10 mm，右旋螺纹，载荷钢球为 3 圈，精度 3 级的定位滚珠丝杠副。

例 2：WD3005-3.5×1/B 左－800×1 000。它表示外循环垫片调隙式的双螺母滚珠丝杠螺母副，名义直径为 30 mm，螺距为 5 mm，一个螺母工作滚珠 3.5 圈，单列，B 级精度，左旋，丝杠的螺纹部分长度为 800 mm，丝杠的总长度为 1 000 mm。

2. 其他进给传动方式

（1）静压丝杠螺母副

静压丝杠螺母副是在丝杠和螺母的螺纹之间供给压力油使之保持有一定厚度、一定刚度的静压油膜，使丝杠和螺母之间由边界摩擦变为液体摩擦。当丝杠转动时通过油膜推动螺母直线移动，反之，螺母转动也可使丝杠直线移动。它在国内外重型数控机床和精密机床的进给机构中广泛采用。

① 静压丝杠螺母副的工作原理

静压丝杠螺母副（简称静压丝杠，或静压螺母，或静压丝杠副）是在丝杠和螺母的螺旋面之间通入压力油，使其间保持一定厚度、一定刚度的压力油膜，当丝杠转动时，即通过油膜推动螺母移动，或进行相反的传动。

静压丝杠螺母副是丝杠和螺母之间为纯液体摩擦的传动副。如图 5.16 所示，油腔在螺旋面的两侧，而且互不相通，压力油经节流器进入油腔，并从螺纹根部与端部流出。设供油压力为 P_h，经节流器后压力为 P_1（即油腔压力）。当无外载时，螺纹两侧间隙 $h_1 = h_2$，从两侧油腔流出的流量相等，两侧油腔中的压力也相等，即 $P_1 = P_2$。这时，丝杠螺纹处于螺母螺纹的中间平衡状态的位置。

当丝杠或螺母受到轴向力 F 作用后，受压一侧的间隙减小，由于节流器的作用，油腔压力增大；相反的一侧间隙增大，而压力下降，因而形成油膜压力差 $\Delta P = P_2 - P_1$。

② 静压丝杠螺母副的特点

我国于 1970 年开始在数控非圆齿轮插齿机上应用，随后又在螺纹磨床、高精度滚刀铲磨机床和大型精密车床上应用静压丝杠。静压丝杠的工作特点如下。

静压丝杠的主要优点有：

• 摩擦系数小，仅为 0.000 5。比滚珠丝杠（摩擦系数一般为 0.002～0.005）摩擦损失

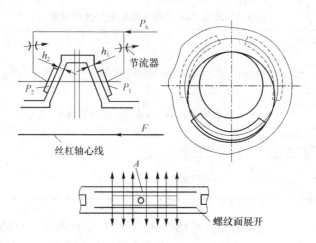

图 5.16　静压丝杠螺母副工作原理

还小。启动力矩很小,传动灵敏,避免了爬行。

• 因油膜层具有一定的刚度,故可大大减小反向时的传动间隙。

• 油膜层可以吸振,且由于油液不断地流动,故可减少丝杠因其他热源引起的热变形,有利于提高机床的加工精度和表面粗糙度。

• 油膜层介于丝杠螺纹和螺母螺纹之间,对于丝杠的传动误差能起到"均化"作用,即丝杠的传动误差可比丝杠本身的制造误差还小。

• 承载能力与供油压力成正比,而与转速无关。提高供油压力即可提高承载能力。

静压丝杠的不足之处:

• 对原无液压系统的机床,需增加一套供油系统,且静压系统对于油液的清洁程度要求较高。

• 有时需考虑必要的安全措施,以防供油突然中断时造成不良后果。

(2)静压蜗杆-蜗母条传动

大型数控机床不宜采用丝杠传动,特长的丝杠制造困难,且容易弯曲下垂,影响传动精度;同时轴向刚度与扭转刚度也难提高。如加大丝杠直径,因转动惯量增加,伺服系统的动态特性不易保证,因此不能采用丝杠传动,而用静压蜗杆-蜗母条副。

蜗杆-蜗母条机构是丝杠螺母机构的一种特殊形式,如图 5.17 所示,蜗杆可看成长度很短的丝杠,蜗母条则可看成一个很长的螺母沿轴向剖开后的一部分。其包容角常在 90°~120°之间。

液体静压蜗杆-蜗轮条机构是在蜗杆-蜗轮条的啮合面间注入压力油,以形成一定厚度的油膜,使两啮合面间成为液体摩擦,特别适宜重型数控机床的进给传动系统。其工作原理如图 5.18 所示。图中油腔开在蜗轮上,用毛细管节流的定压供油方式给静压蜗杆蜗轮条供压力油。从液压泵输出的压力油,经过蜗杆螺纹内的毛细管节流器 10,分别进入蜗杆-蜗轮条齿的两侧面油腔内,然后经过啮合面之间的间隙,再进入齿顶与齿根之间的间隙,压力降为零,流回油箱。

进给伺服电动机通过联轴器与蜗杆相连,产生旋转运动。蜗母条与运动部件(工作台)相连,以获得往复直线运动。这种形式常用于龙门式铣床的工作台进给驱动。

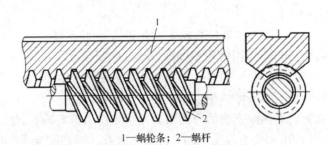

1—蜗轮条；2—蜗杆

图 5.17　轮条传动机构

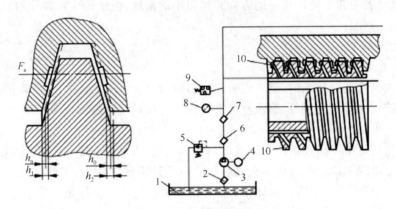

1—油箱；2—滤油器；3—液压泵；4—电动机；5—溢流阀；

6—粗滤油器；7—精滤油器；8—压力表；9—压力继电器；10—节流器

图 5.18　蜗杆-蜗轮条工作原理

静压蜗杆蜗轮条传动的特点：

• 静压蜗杆蜗轮条传动由于既有纯液摩擦的特点，又有蜗杆蜗轮条机构的特点，因此特别适合在重型机床的进给传动系统上应用；

• 摩擦阻力小，起动摩擦因数小于 0.000 5，功率消耗少，传动效率高，可达 0.94～0.98，在很低的速度下运动也很平稳；

• 使用寿命长，齿面不直接接触，不宜磨损，能长期保持精度；

• 抗振性能好，油腔内的压力油层有良好的吸振能力；

• 有足够的轴向刚度；

• 蜗轮条能无限接长，因此，运动部件的行程可以很长，不像滚珠丝杠受结构的限制。

静压蜗杆-蜗轮条采用的材料有：

• 钢蜗杆配铸铁蜗轮条；

• 钢蜗杆配铸铁基体涂有 SKC 耐磨涂层的蜗轮条；

• 铜蜗杆配钢蜗轮条或铸铁蜗轮条。

一般用前两种较多，前者的加工蜗轮条需用精加工机床，较难达到高精度；后者在铸铁基体上涂上 SKC3 耐磨涂层后可用精密蜗杆挤压或注塑成型，蜗轮条制造工艺简单，且精度较高。

（3）双齿轮-齿条传动

齿轮-齿条是行程较长的大型数控机床上常用的进给传动形式。适用于传动刚性要求高、传动精度不太高的场合。采用齿轮-齿条传动时，必须采取消除齿侧间隙的措施。通常采用两个齿轮2和3与齿条啮合的方法，专用的预加载机构使两齿轮以相反方向预转过微小的角度，使两齿轮分别与齿条的两侧齿面贴紧，从而消除间隙。

如图5.19所示为消除间隙方法的原理图。进给运动由轴2输入，通过两对斜齿轮将运动传给轴1和轴3，然后由两个直齿轮4和5去传动齿条，带动工作台移动，轴2上两个斜齿轮的螺旋线方向相反。如果通过弹簧在轴2上作用一个轴向力F，则使斜齿轮产生微量的轴向移动，这时轴1和3便以相反的方向转过微小的角度，使齿轮4和5分别与齿条的两齿面贴紧，消除了间隙。

（4）直线电动机传动

① 直线电动机系统

在常规的机床进给系统中，仍一直采用"旋转电动机＋滚珠丝杠"的传动体系。随着近几年来超高速加工技术的发展，滚珠丝杠机构已不能满足高速度和高加速度的要求，直线电动机开始展示出其强大的生命力。

直线电动机是指可以直接产生直线运动的电动机，可作为进给驱动系统，如图5.20所示。在世界上出现了旋转电动机不久之后就出现了其雏形，但由于受制造技术水平和应用能力的限制，一直未能在制造业领域作为驱动电动机而使用。特别是大功率电子器件、新型交流变频调速技术、微型计算机数控技术和现代控制理论的发展，为直线电动机在高速数控机床中的应用提供条件。

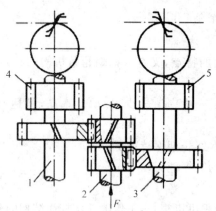

1，2，3—传动轴；4，5—直齿轮	1—导轨；2—次线；3—初线；4—险测系统
图5.19 齿轮齿条传动的齿侧隙消除	图5.20 直线电动机进给系统外观

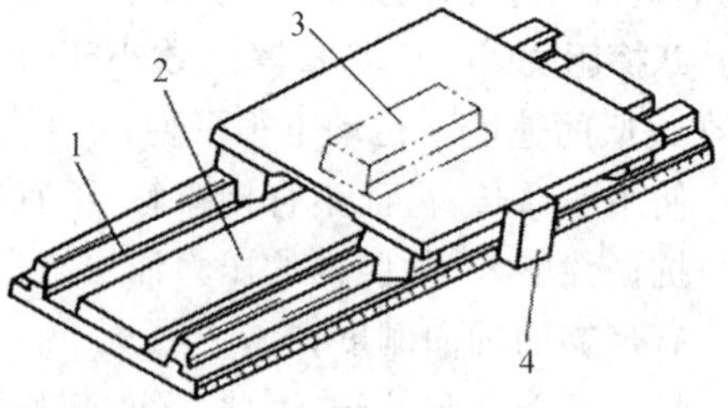

世界上第一台使用直线电动机驱动工作台的高速加工中心是德国Ex-Ccll-O公司于1993年生产的，采用了德国Indramennt公司开发成功的感应式直线电动机。同时，美国Ingersoll公司和Ford汽车公司合作，在HVM800型卧式加工中心采用了美Anorad公司生产的永磁式直线电动机。日本的FAVUC公司于1994年购买了Anorad公司的专利权，开始在亚洲市场销售直线电动机。在1996年9月芝加哥国际制造技术博览会（（IMTs'96）上，直线电动机如雨后春笋般展现在人们面前，这预示着直线电动机开辟的机床新时代已经

到来。

②　直线电动机工作原理

直线电动机的工作原理与旋转电动机相比,并没有本质的区别,可以将其视为旋转电动机沿圆周方向拉开展平的产物,如图 5.21 所示。对应于旋转电动机的定子部分,称为直线电动机的初级;对应于旋转电动机的转子部分,称为直线电动机的次级。当多相交变电流通入多相对称绕组时,就会在直线电动机初级和次级之间的气隙中产生一个行波磁场,从而使初级和次级之间相对移动。当然,二者之间也存在一个垂直力,可以是吸引力,也可以是推斥力。直线电动机可以分为直流直线电动机、步进直线电动机和交流直线电动机三大类。在机床上主要使用交流直线电动机。

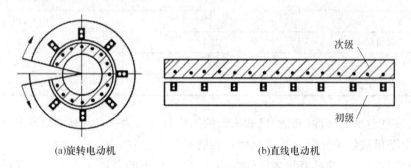

(a)旋转电动机　　　　　　　　　(b)直线电动机

图 5.21　旋转电动机展平为直线电动机的过程

③　结构形式

在结构上,可以有如图 5.22 所示的短次级和短初级两种形式。为了减少发热量和降低成本,高速机床用直线电动机一般采用如图 5.22(b)所示的短初级结构。

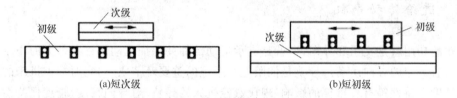

(a)短次级　　　　　　　　　　　(b)短初级

图 5.22　直线电动机的形式

④　使用直线电动机的高速机加工系统特点

现在的机加工对机床的加工速度和加工精度提出了越来越高的要求,传统的"旋转电动机+滚珠丝杠"体系已很难适应这一趋势。使用直线电动机的驱动系统,有以下特点。

电动机、电磁力直接作用于运动体(工作台)上,而不用机械连接,因此没有机械滞后或齿节周期误差,精度完全取决于反馈系统的检测精度。

直线电动机上装配全数字伺服系统,可以达到极好的伺服性能。由于电动机和工作台之间无机械连接件,工作台对位置指令几乎是立即反应(电气时间常数约为 1 ms),从而使得跟随误差减至最小而达到较高的精度。并且,在任何速度下都能实现非常平稳的进给运动。

直线电动机系统在动力传动中由于没有低效率的中介传动部件而能达到高效率,可获得很好的动态刚度(动态刚度即为在脉冲负荷作用下,伺服系统保持其位置的能力)。

直线电动机驱动系统由于无机械零件相互接触,因此无机械磨损,也就不需要定期维护,也不像滚珠丝杠那样有行程限制,使用多段拼接技术可以满足超长行程机床的要求。表 5-5 列出了滚珠丝杠与直线电动机的性能对比。

表 5-5　滚珠丝杠与直线电动机的性能对比

特性	滚珠丝杠	直线电动机
最高速度/$(m \cdot s^{-1})$	0.5	2.0
	(取决于螺丝)	可达 3～4
最高加速度	0.5～1 g(1 g＝0.98 m/s²)	2～10 g
静态刚度/$(N \cdot \mu m^{-1})$	90～180	80～280
动态刚度/$(N \cdot \mu m^{-1})$	90～180	160～210
稳定时间/ms	100	10～20
最大作用力/N	26 800	9 000 线圈
可靠性/h	6 000～10 000	5 000

由于直线电动机的部件(初级)已和机床的工作台合二为一,因此,和滚珠丝杠进给单元不同,直线电动机进给单元只能采用全闭环控制系统。

直线电动机驱动系统具有很多的优点,对于促进机床的高速化有十分重要的意义和应用价值。由于目前尚处于初级应用阶段,生产批量不大,因而成本很高。但可以预见,作为一种崭新的传动方式,直线电动机必然在机床工业中得到越来越广泛的应用,并显现巨大的生命力。

5.2.3　进给传动导轨

导轨的功用就是支承和导向,也就是支承运动部件并保证运动部件在外力的作用下,能准确地沿着一定的方向运动。导轨是伺服进给系统的重要环节之一,它对数控机床的刚度、精度与精度保持性等有着重要的影响,现代数控机床的导轨,对导向精度、精度保持性、摩擦特性、运动平稳性和灵敏度都有更高的要求,在材料和结构上起了"质"的变化,已不同于普通机床的导轨。

1. 对数控机床导轨的要求

(1) 导向精度高

导向精度是指机床的运动部件沿导轨移动时的直线性和它与有关基面之间相互位置的准确性。无论在空载或切削加工时,导轨都应有足够的刚度和导向精度。影响导向精度的主要因素有导轨的结构形式、导轨的制造精度和装配质量及导轨与基础件的刚度等。

(2) 良好的精度保持性

精度保持性是指导轨在长期的使用中保持导向精度的能力。导轨的耐磨性是保持精度的决定性的因素,它与导轨的摩擦性能、导轨的材料等有关。导轨面除了力求减少磨损量外,还应使导轨面在磨损后能自动补偿和便于调整。

（3）低速运动平稳性

运动部件在导轨上低速运动或微量位移时，运动应平稳、无爬行现象，这一要求对数控机床尤为重要。低速运动平稳性与导轨的结构类型、润滑条件等有关，其要求导轨的摩擦系数要小，以减小摩擦阻力，而且动摩擦、静摩擦系数应尽量接近并有良好的阻尼特性。

（4）耐磨性好

导轨的耐磨性是指导轨长期使用后，能保持一定的使用精度。导轨的耐磨性决定了导轨的精度保持性。耐磨性受到导轨副的材料、硬度、润滑和载荷的影响。

导轨的磨损形式可综合为以下三种

① 硬粒磨损。导轨面间存在着的坚硬微粒、由外界或润滑油带入的切屑或磨粒以及微观不平的摩擦面上的高峰，在运动过程中均会在导轨面上产生沟痕和划伤，进而使导轨面受到破坏。导轨面之间的相对速度越大，压强越大，对导轨摩擦副表面的危害也越大。

② 咬合和热焊。导轨面覆盖着氧化膜及气体、蒸汽或液体的吸附膜，这些薄膜由于导轨面上局部比压或剪切力过高而排除时，裸露的金属表面因摩擦热而使分子运动加快，在分子力作用下就会产生分子之间的相互吸引和渗透而吸附在一起，导致冷焊。如果导轨面之间的摩擦热使金属表面温度达到熔点而引起局部焊接，这种现象称为热焊。接触面的相对运动又会将焊点拉开，从而造成撕裂性破坏。

③ 疲劳和压溃。导轨面由于过载或接触应力不均匀而使导轨面产生弹性变形，反复进行多次后，就会发展成为塑性变形，表面形成龟裂和剥落而出现凹坑，这种现象叫压溃。滚动导轨失效的主要原因就是表面的疲劳和压溃。因此应控制滚动导轨承受的最大载荷和受载的均匀性。

（5）足够的刚度

导轨应有足够的刚度，以保证在载荷作用下不产生过大的形变，从而保证各部件间的相对位置和导向精度。刚度受到导轨结构和尺寸的影响。

（6）温度变化影响小

应保证导轨在工作温度变化的条件下，仍能正常工作。

（7）其他要求

结构简单、工艺性好，要便于加工、装配、调整和维修。

2. 常用数控机床导轨的形状

① 直线运动滑动导轨的截面形状

如图 5.23 所示，常用的有矩形、三角形、燕尾形及圆形截面。各个平面所起的作用也各不相同。在矩形和三角形导轨中，M 面主要起支承作用，N 面是保证直线移动精度的导向面，J 面是防止运动部件抬起的压板面；在燕尾形导轨中，M 面起导向和压板作用，J 面起支承作用。

根据支承导轨的凸凹状态，又可分为凸形（上图）和凹形（下图）两类导轨。凸形需要有良好的润滑条件。凹形容易存油，但也容易积存切屑和尘粒，因此适用于具有良好防护的环境。矩形导轨也称为平导轨；而三角形导轨，在凸形时可称为山形导轨；在凹形时，称为 V 形导轨。

矩形导轨。如图 5.23(a)所示，易加工制造，承载能力较大，安装调整方便。M 面起支承兼导向作用，起主要导向作用的 N 面磨损后不能自动补偿间隙，需要有间隙调整装置。

它适用于载荷大且导向精度要求不高的机床。

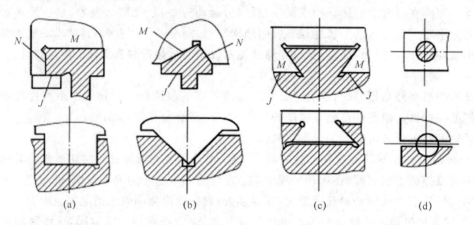

图 5.23　直线运动滑动导轨的截面形状

三角形导轨。如图 5.23(b)所示,三角形导轨有二导向面,同时控制了垂直方向和水平方向的导向精度。这种导轨在载荷的作用下,自行补偿消除间隙,导向精度较其他导轨高。

燕尾槽导轨。如图 5.23(c)所示,这是闭式导轨中接触面最少的一种结构,磨损后不能自动补偿间隙,需用镶条调整。能承受颠覆力矩,摩擦阻力较大,多用于高度小的多层移动部件。

圆柱形导轨。如图 5.23(d)所示,这种导轨刚度高,易制造,外径可磨削,内可不磨达到精密配合。但磨损后间隙调整困难。它适用于受轴向载荷的场合,如压力机、不磨机、攻螺纹机和机械手等。

② 直线导轨的组合

机床上一般都采用两条导轨来承受载荷和导向。重型机床承载大,常采用 3～4 条导轨。导轨的组合形式取决于受载大小、导向精度、工艺性、润滑和防护等因素。常见的导轨组合形式如图 5.24 所示。

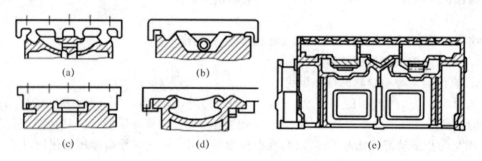

图 5.24　导轨的组合图

双 V 形导轨。如图 5.24(a)所示为双 V 形导轨,导轨面同时起支承和导向作用。磨损后能自动补偿,导向精度高。但装配时要对四个导轨面进行刮研,其难度很大。由于超定位,所以制造、检验和维修都困难,它适用于精度要求高的机床,如坐标撞床、丝杠车床。

双矩形导轨。如图 5.24(b)所示,这种导轨易加工制造,承载能力大,但导向精度差。侧导向面需设调整镶条,还须设置压板,呈闭式导轨。常用于普通精度的机床。

Ｖ形、平导轨组合。如图 5.24(c)所示 Ｖ 形平导轨组合不需用镶条调整间隙,导轨精度高,加工装配较方便,温度变化也不会改变导轨面的接触情况,但热变形会使移动部件水平偏移,两条导轨磨损也不一样,因而对位置精度有影响,通常用于磨床、精密镗床。

Ｖ形、矩形导轨组合。如图 5.24(d)所示为卧式车床的导轨,Ｖ 形导轨作主要导向面。矩形导轨面承载能力大,易加工制造,刚度高,应用普遍。

Ｖ形、两个平导轨组合。龙门铣床工作台宽度大于 3 000 mm、龙门刨床工作台宽度大于 5 000 mm 时,为使工作台中间挠度不致过大,可用三根导轨的组合。如图 5.24(e)所示为重型龙门刨床工作台导轨,Ｖ 形导轨主要起导向作用,平导轨主要起承载作用。

③ 圆周运动导轨

圆周运动导轨主要用于圆形工作台、转盘和转塔等旋转运动部件,常见的有:

• 平面圆环导轨,必须配有工作台心轴轴承,应用得较多;

• 锥形圆环导轨,能承受轴向和径向载荷,但制造较困难;

• Ｖ形圆环导轨,制造复杂。

④ 选用导轨形状时主要考虑的原则

• 要求导轨有较大的刚度和承载能力时,用矩形导轨,中小型机床导轨采用山形和矩形组合,而重型机床则采用双矩形导轨;

• 要求导向精度高的机床采用三角形导轨,三角形导轨工作面同时起承载和导向作用,磨损后能自动补偿间隙,导向精度高;

• 矩形、圆形导轨工艺性好,制造、检验都方便。三角形、燕尾形导轨工艺性差;

• 要求结构紧凑、高度小及调整方便的机床,用燕尾形导轨。

3. 数控机床的导轨类型

数控机床的导轨按运动轨迹可分为直线运动轨迹和圆周运动导轨;按工作性质可分为主运动导轨、进给运动导轨和调整导轨;按受力情况可分为开式导轨和闭式导轨;按工作原理分塑料滑动导轨、滚动导轨、静压导轨和动压导轨。

(1) 塑料滑动导轨

为了进一步降低普通滑动导轨的摩擦系数,防止低速爬行,提高定位精度,为此在数控机床上普遍采用塑料作为滑动导轨的材料,使原来铸铁-铸铁的滑动变为铸铁-塑料或钢-塑料的滑动。

塑料软带也称聚四氟乙烯导轨软带,导轨材料是以聚四氟乙烯为基体,加入青铜粉、二硫化钼和石墨等填充剂混合烧结,并做成软带状,厚度约 1.2 mm。

塑料软带用特殊的粘结剂粘贴在短的或动导轨上,它不受导轨形状的限制,各种组合形状的滑动导轨均可粘贴;导轨各个面,包括下压板面和镶条也均可以粘贴。

由于这类导轨软带采用粘贴的方法,习惯上也称为“贴塑导轨”。如图 5.25 所示。

塑料涂层是以环氧树脂为基体,加入铁粉、二硫化钼和胶体石墨,加入增塑剂,混合成液膏状为一组份,与固化剂为另一组份,而组成的双组份塑料涂层。

由于这类涂层导轨采用涂刮或注入膏状塑料的方法,习惯上也称为“涂塑导轨”或“注塑导轨”。如图 5.26 所示。

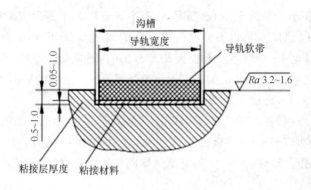

图 5.25　贴塑导轨的粘接

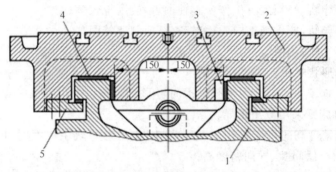

1—床身；2—上作台；3—镶条；4—导轨软带；5—下压板

图 5.26　塑料导轨在机床上的应用形式

塑料导轨有以下特点。

摩擦特性好。实验表明，铸铁-淬火钢或铸铁-铸铁导轨副的动、静摩擦系数相差近一倍。而金属-聚四氟乙烯导轨软带（Turcite-B、TSF）的动、静摩擦系数基本不变，而且摩擦系数很低。这种良好的摩擦特性能防止低速爬行，使机床运行平稳，以获得高的定位精度。

耐磨性好。除摩擦系数低外，塑料材料中含有青铜、二硫化钼和石墨，因此其本身具有自润滑作用，对润滑油的供油量要求不高，采用间歇式供油即可。另外，塑料质地较软，即使嵌入细小的金属碎屑、灰尘等，也不至于损伤金属导轨面和软带本身，可延长导轨的使用寿命。

减振性好。塑料的阻尼性能好，其减振消声的性能对提高摩擦副的相对运动速度有很大的意义。

化学稳定性好。耐磨、耐低温、耐强酸、强碱、强氧化剂及各种有机溶剂。

工艺性好。可降低对塑料结合的金属基体的硬度和表面质量，而且塑料易于加工（铣、刨、磨、刮），使导轨副接触面获得良好的表面质量。

维护修理方便。软带耐磨，损坏后更换容易。

经济性好。结构简单，成本低，约为滚动导轨成本的 1/20，为三层复合材料 DU 导轨成本的 1/4。

（2）滚动导轨

滚动导轨是在导轨工作面之间安装滚动体（滚珠、滚柱和滚针），与滚珠丝杠的工作原理类似,使两导轨面之间形成的摩擦为滚动摩擦。动、静摩擦系数相差极小,几乎不受运动速度变化的影响。

近代数控机床普遍采用一种做成独立标准部件的滚动导轨支承块,其特点是刚度高、承载能力大、便于拆装、可直接装在任意行程长度的运动部件上。当运动部件移动时,滚柱在支承部件的导轨面与本体之间滚动,同时又绕本体循环滚动,滚柱与运动部件的导轨面并不接触,因而该导轨面不需淬硬磨光。如图 5.27 所示为滚动导轨库块结构。

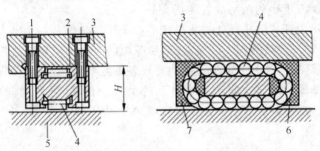

1—固定螺钉; 2—导轨块; 3—动导轨体;
4—滚动体; 5—支承导轨; 6、7—带返回槽挡板

图 5.27 滚动导轨块结构

直线滚动导轨是目前最流行的一种新形式。直线滚动导轨主要由导轨体、滑块、滚珠、保持器、端盖等组成。生产厂把滚动导轨的预紧力调整适当,成组安装,所以这种导轨又称为单元式直线滚动导轨。使用时,导轨固定在不运动部件上,滑块固定在运动部件上。当滑块沿导轨体移动时,滚珠在导轨和滑块之间的圆弧直槽内滚动,并通过端盖内的滚道,从工作负荷区到非工作负荷区,然后再滚动到工作负荷区,不断循环,从而把导轨体和滑块之间的移动变成了滚珠的滚动。为防止灰尘和脏物进入导轨滚道,滑块两端及下部均装有塑料密封垫,滑块还有润滑油注油杯。

滚动导轨的滚动体,可采用滚珠、滚柱、滚针。滚珠导轨的承载能力小、刚度低,适用于运动部件质量不大,切削力和颠覆力矩都较小的机床;滚柱导轨的承载能力和刚度都比滚珠导轨大,适用于载荷较大的机床;滚珠导轨的特点是滚珠尺寸小、结构紧凑,适用于导轨尺寸受到限制的机床。

滚动导轨的最大优点是摩擦系数小,比塑料导轨还小;运动轻便灵活,灵敏度高;低速运动平稳性好,不会产生爬行现象,定位精度高;耐磨性好,磨损小,精度保持性好;且润滑系统简单,为此滚动导轨在数控机床上得到普遍的应用。但是,滚动导轨的抗振性较差,结构复杂,对脏物较敏感,必须要有良好的防护措施。

(3) 静压导轨

静压导轨分为液体静压导轨和气体静压导轨两类。

液体静压导轨(简称静压导轨)是数控机床上经常使用的一种液压导轨。

静压导轨是在两个相对运动的导轨面间通入压力油,使运动件浮起。工作过程中,导轨面上油腔中的油压能着随外加负载的变化自动调节,以平衡外负荷,保证导轨面始终处于纯液体摩擦状态。

静压导轨的摩擦系数极小(约为 0.000 5),功率消耗少,由于系统液体摩擦,故导轨不会磨损,因而导轨的精度保持性好,寿命长。油膜厚度几乎不受速度的影响,油膜承载能力大、刚性好、吸振性良好,导轨运行平稳,既无爬行,也不产生振动。但静压导轨结构复杂,并需要有一个具有良好过滤效果的液压装置,制造成本较高。目前,静压导轨较多地应用在大型、重型数控机床上。

液体静压导轨按导轨的形式可分为开式和闭式两种,数控机床上常采用闭式静压导轨。

由于开式静压导轨只设置在床身的一边,依靠运动件自重和外载荷保持运动件不从床身上分离,因此只能承受单向载荷,而且承受偏载力矩的能力差。开式静压导轨适用于载荷较均匀、偏载和倾覆力矩小的水平放置的场合。

如图 5.28 所示为开式静压导轨工作原理图。来自液压泵的压力油,其压力为 P_0,经节流器压力降至 P_1;进入导轨的各个油腔内,借油腔内的压力将动导轨浮起,使导轨面间以一层厚度为 h_0 的油膜隔开,油腔中的油不断地穿过各油腔的封油间隙流回油箱,压力降至零。当动导轨受到外载 W 工作时,使动导轨向下产生一个位移,导轨间隙由 h_0 降为 h($h < h_0$),使油腔回油阻力增大,油腔中压力也相应增大变为 P_0($P_0 > P_1$),以平衡负载,使导轨仍在纯液体摩擦下工作。

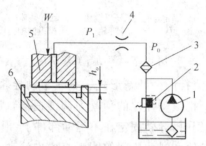

1—液压泵；—溢流阀；3—滤油器；
4—节流器；5—运动导轨；6—床身导轨

图 5.28　开式静压导轨工作原理

闭式静压导轨设置在床身的几个方向,各方向导轨面上都开有油腔,能限制运动件从床身上分离,因此能承受正、反向载荷,承受偏载荷及倾覆力矩的能力较强,油膜刚度高,可应用于载荷不均匀,偏载大及有正反向载荷的场合。

气体静压导轨是利用恒定压力的空气膜,使运动部件之间形成均匀分离,以得到高精度的运动,摩擦系数小,不易引起发热变形。但是,气体静压导轨会随空气压力波动而使空气膜发生变化,且承载能力小,故常用于负荷不大的场合,如数控坐标磨床和三坐标测量机。

（4）动压导轨

动压导轨的工作原理与动压轴承相同,是借助于导轨之间的相对运动产生压力油膜将运动部件微微抬起,由此两个导轨面隔离,形成液体摩擦,提高了导轨的耐用度。

形成压力油膜的条件是:两导轨面之间应有楔形间隙和一定的相对速度,此外还需要有一定黏度的润滑油流进楔形间隙。因此,速度越高,油膜的承载能力越大。所以,动压导轨适用于运行速度高的主运动导轨,如立式车床工作台、龙门刨床工作台等,其油枪开在运动部件上,如图 5.29(a) 所示。但由于运动部件上进油困难,故仍从固定导轨进油,油腔也可刻在固定导轨上,如图 5.29(b) 所示。它可用于直线运动导轨,也可用于圆运动导轨。

图 5.29(a)、图 5.29(b) 中,k 段为斜面,其油腔间隙由 h_2 逐渐减小至 h_1,间隙 h_1 越小,油膜压力越大,承载能力越强。由于导轨表面粗糙度及热变形等影响,间隙 h_1 不可太小,如龙门刨床工作台长度为 $2 \sim 16$ m 时,h_1 应取 $0.006 \sim 0.10$ mm,而 h_2 一般等于 h_1。

图 5.29(c)所示为目前用得较多的立式车床的动压导轨。在机床底座上做出若干个开式油腔 1 和闭式油腔 2,两者间隔排列。径向油腔贯穿导轨面,形成开式油腔,它除形成动压油楔外,还起冷却作用。

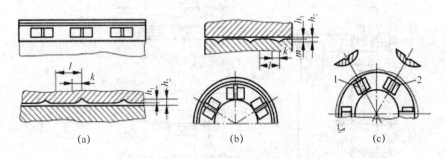

图 5.29　动压导轨的油腔

4. 导轨间隙的调整、润滑与防护

(1) 导轨间隙的调整

导轨面之间的间隙应当调整。如果间隙过小,则摩擦阻力大,导轨磨损加剧。间隙过大,则运动失去准确性和平稳性,失去导向精度。因此,必须保证导轨具有合理的间隙。

间隙调整方法有如下几种。

① 采用压板来调整间隙并承受倾覆力矩

压板用螺钉固定在动导轨上,如图 5.30 所示为矩形导轨上常用的几种压板装置。常用钳工配合刮研及选用调整垫片、平镶条等机构,使导轨面与支承面之间的间隙均匀,达到规定的接触点数。普通机床压板面每(25×25)mm^2 面积内为 6～12 个点。间隙过大,应修磨或刮研 B 面,如间隙过小或压板与导轨压得太紧,则可刮研或修磨 A 面。

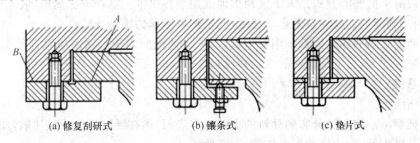

(a) 修复刮研式　　　(b) 镶条式　　　(c) 垫片式

图 5.30　压板调整间隙

② 采用镶条来调整矩形和燕尾形导轨的间隙

从提高刚度考虑,镶条应放在不受力或受力小的一侧。对于精密机床,因导轨受力小,要求加工精度高,所以镶条应放在受力的一侧,或两边都放镶条;对于普通机床,镶条应放在不受力一侧。一种导轨镶条是全长厚度相等,横截面为平行四边形或矩形的平镶条〔图 5.31 (a)〕,以其横向位移来调整间隙;另一种是全长厚度变化的斜镶条〔图 5.31(b)〕,以其纵向位移来调整间隙。

平镶条须放在适当的位置,用侧面的螺钉调节,用螺母锁紧。因各螺钉单独拧紧,故收紧力不均匀,在螺钉的着力点有挠曲。

斜镶条在全长上支承,工作情况较好。支承面积与位置调整无关。通过用 1∶40 或

1:100的斜镶条作细调节,但所施加的力由于楔形增压作用可能会产生过大的横向压力,因此调整时应细心。如图 5.31(b)所示为三种用于斜镶条的调节螺钉。

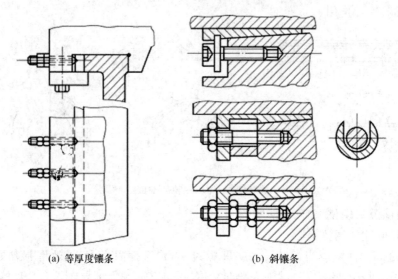

(a) 等厚度镶条   (b) 斜镶条

图 5.31　镶条压板调整

(2)导轨的润滑

导轨面上进行润滑后,可降低摩擦系数,减少磨损,且可防止导轨面锈蚀,因此必须对导轨面进行润滑。

导轨常用的润滑剂有润滑油和润滑脂,前者用于滑动导轨,而滚动导轨两种都能用。

① 润滑的方式

导轨最简单的润滑方式是人工定期加油或用油杯供油。这种方法简单,成本低,但不可靠,一般用于调节的辅助导轨及运动速度低、工作不频繁的滚动导轨。

运动速度较高的导轨大都采用液压泵,以压力油强制润滑。这不但可连续或间歇供油给导轨面进行润滑,且可利用油的流动冲洗和冷却导轨表面。为实现强制润滑,必须备有专门的供油系统。

② 油槽形式

为了把润滑油均匀地分布到导轨的全部工作表面,须在导轨面上开出油槽,油经运动部件上的油孔进入油槽,油槽的形式如图 5.32 所示。

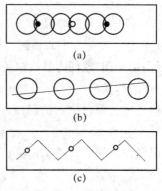

(a)

(b)

(c)

图 5.32　油槽形式

③ 对润滑油的要求

在工作温度变化时,润滑油黏度要小,有良好的润滑性能和足够的油膜刚度,油中杂质尽量少且不侵蚀机件。

常用的全损耗系统用油有 L-AN10、L-AN15、L-AN32、L-AN42、L-AN68,精密机床导轨油 L-HG68,汽轮机 L-TSA32、L-TSA46 等。

(3) 导轨的防护

为了防止切屑、磨粒或冷却液散落在导轨面上而引起磨损加快、擦伤和锈蚀,导轨面上应有可靠的防护装置。如图 5.33 所示,常用的有刮板式、卷帘式和叠成式防护罩,大多用于长导轨上,如龙门刨床、导轨磨床,还有手风琴式的伸缩式防护罩等。这些装置结构简单,且有专门厂家制造。

图 5.33 常用防护罩

5.2.4 联轴器

联轴器是用来连接进给机构的两根轴使之一起回转与传递扭矩和运动的一种装置。机器运转时,被连接的两轴不能分离,只有停车后,将联轴器拆开,两轴才能脱开。

下面介绍几种数控机床常用的联轴器。

1. 套筒联轴器

如图 5.34 所示,套筒联轴器由连接两轴轴端的套筒和连接套筒与轴的连接件(键或销钉)所组成,一般当轴端直径 d≤80 mm 时,套筒用 35 或 45 钢制造;d>80 mm 时,可用强度较高的铸铁制造。

此种联轴器构造简单,径向尺寸小,但其装拆困难(轴需作轴向移动)且要求两轴严格对中,不允许有径向及角度偏差,因此使用上受到一定限制。

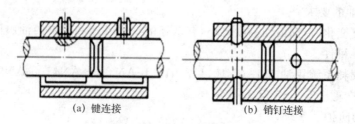

(a) 键连接   (b) 销钉连接

图 5.34　套筒联轴器

2. 凸缘式联轴器

如图 5.35 所示,凸缘式联轴器是把两个带有凸缘的半联轴器分别与两轴连接,然后用螺栓把两个半联轴器连成一体,以传递运动和扭矩。

凸缘式联轴器有两种对中方法:一种是用一个半联轴器上的凸肩与另一个半联轴器上的凹槽相配合而对中(如图 5.35(a)所示);另一种则是共同与另一部分环相配合而对中(如图 5.35(b)所示)。

凸缘式联轴器的材料可用 HT250 或碳钢,重载时或圆周速度大于 30 m/s 时应用铸钢或锻钢。它对于所连接的两轴的对中性要求相当高,当两轴间有位移与倾斜存在时,就在机件内引起附加载荷,使工作情况恶化,这是它的主要缺点。但由于其构造简单、成本低以及可传递较大扭矩,故当转速低、无冲击、轴的刚性大以及对中性较好时亦常采用。

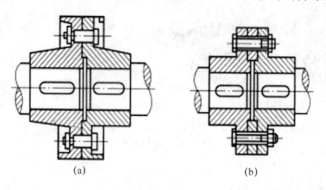

(a)   (b)

图 5.35　凸缘式联轴器

3. 扰性联轴器

在大扭矩宽调速直流电动机及传递扭矩较大的步进电动机的传动机构中,与丝杠之间可采用直接连接的方式,这不仅可简化结构、减少噪声,而且对减少间隙、提高传动刚度也大有好处。

图 5.36 为采用锥形夹紧环(简称锥环)的消隙联轴器,可使动力传递没有反向间隙。螺钉 5 通过压圈 3 施加轴向力时,由于锥环之间的楔紧作用,内外环分别产生径向弹性变形,消除配合间隙,并产生接触压力以传递扭矩。

这种联轴器传递功率大、转速高、使用寿命长,能适应较大的相对位移,能在受振动和冲击载荷等恶劣条件下连续工作,安装、使用和维护方便、简单,作用于系统中的负荷小、噪声小,因而在数控机床的进给传动系统中应用广泛。

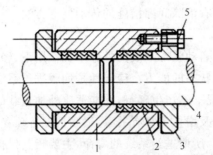

1—套筒；2—锥环；3—压圈；4—轴；5—螺钉

图 5.36 消隙联轴器

5.2.5 现代数控机床对传动系统的要求

为确保数控机床进给系统的传动精度和工作平稳性等,在设计机械传动装置时,提出如下要求。

（1）高传动精度与定位精度

传动精度包括动态误差、稳态误差和静态误差,即伺服系统的输入量与驱动装置实际位移量的精确程度。数控机床进给传动装置的传动精度和定位精度对零件的加工精度起着关键性的作用,对采用步进电动机驱动的开环控制系统尤其如此。无论对点位、直线控制系统,还是轮廓控制系统,传动精度和定位精度都是表征数控机床性能的主要指标。设计中,通过在进给传动链中加入减速齿轮,以减小脉冲当量,预紧传动滚珠丝杠,消除齿轮、蜗轮等传动件的间隙等办法,可达到提高传动精度和定位精度的目的。由此可见,机床本身的精度,尤其是伺服传动链和伺服传动机构的精度,是影响工作精度的主要因素。

（2）宽的进给调速范围

伺服进给系统在承担全部工作负载的条件下,应具有很宽的调速范围,以适应各种工件材料、尺寸和刀具等变化的需要,工作进给速度范围可达 3～6 000 mm/min。为了完成精密定位,伺服系统的低速趋近速度达 0.1 mm/min;为了缩短辅助时间,提高加工效率,快速移动速度应高达 15 m/min。在多坐标联动的数控机床上,合成速度维持常数,是保证表面粗糙度要求的重要条件;为保证较高的轮廓精度,各坐标方向的运动速度也要配合适当;这是对数控系统和伺服进给系统提出的共同要求。

（3）响应速度要快。

所谓快速响应特性是指进给系统对指令输入信号的响应速度及瞬态过程结束的迅速程度,即跟踪指令信号的响应要快;定位速度和轮廓切削进给速度要满足要求;工作台应能在规定的速度范围内灵敏而精确地跟踪指令,进行单步或连续移动,在运行时不出现丢步或多步现象。进给系统响应速度的大小不仅影响机床的加工效率,而且影响加工精度。设计中应使机床工作台及其传动机构的刚度、间隙、摩擦以及转动惯量尽可能达到最佳值,以提高进给系统的快速响应特性。

（4）无间隙传动

进给系统的传动间隙一般指反向间隙,即反向死区误差,它存在于整个传动链的各传动副中,直接影响数控机床的加工精度;因此,应尽量消除传动间隙,减小反向死区误差。设计中可采用消除间隙的轴节及有消除间隙措施的传动副等方法。

（5）稳定性好、寿命长

系统稳定性是指系统在启动状态下或受外界干扰作用下，经过几次衰减振荡后，能迅速地稳定在新的或原来的平衡状态的能力。稳定性是伺服进给系统能够正常工作的最基本的条件，特别是在低速进给情况下不产生爬行，并能适应外加负载的变化而不发生共振。稳定性与系统的惯性、刚性、阻尼及增益等都有关系，适当选择各项参数，并能达到最佳的工作性能，是伺服系统设计的目标。所谓进给系统的寿命，主要指其保持数控机床传动精度和定位精度的时间长短，及各传动部件保持其原来制造精度的能力。设计中各传动部件应选择合适的材料及合理的加工工艺与热处理方法，对于滚珠丝杠和传动齿轮，必须具有一定的耐磨性和适宜的润滑方式，以延长其寿命。

（6）大的转矩输出

机床加工大多在低速时进行重切削，则要求低速时进给驱动要有大的转矩输出。为此，需缩短进给驱动传动链，简化机械结构，增强系统刚性，提高传动精度。

（7）机床可逆运行

可逆运行要求能灵活地正反向运行。在加工过程中，机床工作台处于随机状态，根据加工轨迹的要求，随时都可能实现正向或反向运动。同时要求在方向变化时，不应有反向间隙和运动的损失。从能量角度看，应该实现能量的可逆转换，即在加工运行时，电动机从电网吸收能量变为机械能；在制动时应把电动机的机械惯性能量变为电能回馈给电网，以实现快速制动。

（8）减小运动惯量

运动部件的惯量对私服机构的启动和制动特性都有影响，尤其是处于高速运转的零部件，惯量的影响更大。因此在满足部件强度和刚度的前提下，尽可能减小运动部件的质量，减小旋转零件的直径和质量，以减小运动部件的惯量。

（9）减小摩擦阻力

为了提高数控机床进给系统的快速反应性能和精度，必须减小运动部件的摩擦阻力和动、静摩擦力之差。为满足上述要求，在数控机床进给系统中，普遍采用滚珠丝杆螺母副、静压丝杆螺母副、滚动导轨、静压导轨和塑料导轨。在减小摩擦阻力的同时，还必须考虑传动部件要有适度的阻尼，以保持系统的稳定性。

（10）使用维护方便

数控机床属高精度自动控制机床，主要用于单件、中小批量、高精度及复杂件的生产加工，机床的开机率相应就高，因此，进给系统的结构设计应便于维护和保养，最大限度地减小维修工作量，以提高机床的利用率。

（11）高谐振

为了提高进给的抗振性，应使机械构件具有较高的固有频率和合适的阻尼，一般要求进给系统的固有频率应高于伺服驱动系统的固有频率 2～3 倍。

5.2.6 丝杠螺距误差补偿

1. 螺距误差补偿原因和原理

在数控系统中,定位精度很大程度上受滚珠丝杠精度影响,尽管采用了高精度的滚珠丝杠,但制造误差总是存在的。要得到超过滚珠丝杠精度的运动精度,则必须采用螺距误差补偿功能,利用数控系统 对误差进行补偿与修正。采用该功能的另一个原因是机床经过长时间使用后,由于磨损,精度可能会下降。通过该项功能定期检测与补偿,可在保持精度的前提下,延长机床使用寿命。

其补偿原理为将数控机床某轴的指令位置与高精度测量系统所测得的实际位置相比较,计算出在安全行程上的误差,并分别绘制出其误差曲线,再将该误差曲线数值化并以表格的形式输入数控系统中。

2. 丝杆螺距补偿使用的参数

以 FANUC 0i 系统为例,相关参数如下。

- 3605♯0:是否使用双向螺距误差补偿。
- 3620:每个轴的参考点的螺距误差补偿点号。
- 3621:每个轴的最靠近负侧的螺距误差补偿点号。
- 3622:每个轴的最靠近正侧的螺距误差补偿点号。
- 3623:每个轴的螺距误差补偿倍率,实测误差和输入数值的换算倍率。
- 3624:每个轴的螺距误差补偿点间隔。
- 3627:自与参考点返回方向相反的方向移动到参考点时的参考点中的螺距误差补偿值。

参数设定举例(直线轴的情况)

当直线轴如下列情况时:机械行程为-400 mm$\sim+800$ mm。

螺距误差补偿点间隔为 50 mm,参考点的号码如果设为 40,那么负方向最远端补偿点的号码为:参考点的补偿点号码$-$(机床负方向行程长度/补偿点间隔)$+1=40-400/50+1=33$;正方向最远端补偿点的号码为:参考点的补偿点号码$+$(机床正方向行程长度/补偿点的间隔)$=40+800/50=56$。

如图 5.37 所示是相关参数设定值。

参数	设定值
No.3620:参考点的补偿点号	40
No.3621:负方向最远端的补偿点号	33
No.3622:正方向最远端的补偿点号	56
No.3623:补偿倍率	1
No.3624:补偿点的间隔	50 000

图 5.37 参数设定值

3. 螺距误差补偿的步骤

螺距误差补偿的一般步骤如下。

① 安装高精度的位移测量装置。

② 编制简单的数控程序,顺序定位在一些指定位置点上;如图 5.38 所示是机械坐标和对应的补偿点号。

③ 记录运行到这些点的实际精确位置。

④ 将各点处的误差记录下来,形成误差分析表。

⑤ 将表中的数据输入数控系统中,按该表数据进行补偿。如表 5.39 所示是 $33\sim46$ 点的补偿值举例。表中数值是需要补偿的数值/1(补偿倍率),单位是 μm,取整数。

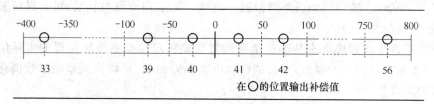

图 5.38 机械坐标和对应的补偿点号

表 5-6 补偿值举例

号码	33	34	35	36	37	38	39	40	41	42	43	44	45	46
补偿值	+2	+1	+1	-2	0	-1	0	-1	+2	+1	0	-1	-1	-2

5.2.7 丝杠反向间隙补偿

1. 反向间隙补偿的参数设置

以 FANUC 0i 系统为例,相关参数如下(如图 5.39 所示)。

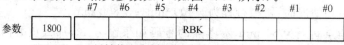

#4(RBK) 0:切削/快速进给间隙补偿量不分开。

1:切削/快速进给间隙补偿量分开。

1851	每个轴的反向间隙补偿量

[输入类型] 参数输入

[数据类型] 字轴型

[数据单位] 检测单位

[数据范围] -9999~9999

1852	每个轴的快速移动时的反向间隙补偿量

[输入类型] 参数输入

[数据类型] 字轴型

[数据单位] 检测单位

[数据范围] -9999~9999

图 5.39 1800、1851、1852 参数说明

- 1800♯4：是否进行切削/快速移动别反向间隙补偿。
- 1851：每个轴的反向间隙补偿量。
- 1852：每个轴的快速移动时的反向间隙补偿量。

2. 反向间隙补偿的步骤

反向间隙补偿实施步骤如下：

（1）机床返回参考点；

（2）将被测轴移动至测量定位起点，如 X50 处；

（3）将百分表触头对准运动部件的测量位置，并使表针归零；

（4）将被测轴快速移动到测量定位终点坐标处，如 X100（可以使用程序或手动方式实现快速移动）；

（5）将被测轴从测量终点坐标快速移动至起点坐标处，如 X50（可以使用程序或手动方式实现快速移动）；

（6）读出此时百分表的值，并填入对应表格中；

（7）移开百分表头；

（8）负方向移动被测轴 50 mm；

（9）将被测轴移动至测量定位起点，如 X50 处；

（10）将百分表触头对准运动部件的测量位置，并使表针归零；

（11）将被测轴工进移动到测量定位终点坐标处，如 X100（可以使用程序或手动方式实现快速移动）；

（12）将测轴从测量终点坐标工进移动至起点坐标处，如 X50（可以使用程序或手动方式实现快速移动）；

（13）读出此时百分表的值，并填入下边对应表格表 5-7 中，表 5-7 中共测了 8 个点；

表 5-7　反向间隙测量结果

测量位置	步骤	机床坐标变化/mm	坐标变化	误差/μm		平均值	
				快进	工进	快进	工进
X 轴右侧位置	1	$-50\sim-100$	$+50$				
		$-100\sim-50$	-50				
	2	$-51\sim-101$	$+50$				
		$-101\sim-51$	-50				
	3	$-52\sim-102$	$+50$				
		$-102\sim-52$	-50				
	4	$-53\sim-103$	$+50$				
		$-103\sim-53$	-50				

测量位置	步骤	机床坐标变化/mm	坐标变化	误差/μm		平均值	
				快进	工进	快进	工进
X 轴左侧位置	1	−350～−400	+50				
		−400～−350	−50				
	2	−351～−401	+50				
		−401～−3−51	−50				
	3	−352～−402	+50				
		−402～−352	−50				
	4	−353～−403	+50				
		−403～−353	−50				
总间隙/μm							

（14）打开参数写入开关，设定 1800.4 为 1，在 1851 和 1852 中写入总间隙值。操作画面如图 5.40 和图 5.41 所示。

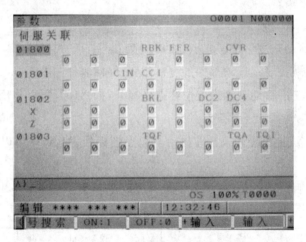

图 5.40　1800 设定画面

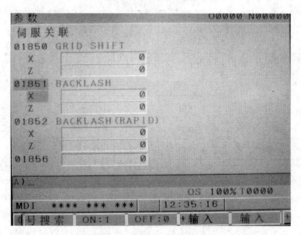

图 5.41　1851 设定画面

5.3　项目检测

填空题

1. 在数控机床进给驱动系统中常用的机械传动装置主要有:(　　　　　　　　)、静压蜗杆-蜗母条、预加载荷双齿轮-齿条及双导程蜗杆等。

2. 滚珠丝杠副的循环方式有(　　　　　　)、内循环。

3. 常用的丝杠螺母副消除间隙的方法有单螺母消隙和(　　　　　　)两类。

4. 润滑剂可分为润滑油或(　　　　　　)两大类。

5. 其他进给方式有(　　　　　　)、静压蜗杆-蜗母条传动、双齿轮-齿条传动。

6. 常用数控机床导轨的形状矩形、三角形、(　　　　　　)及(　　　　　　)。

7. 数控机床的导轨类型有塑料滑动导轨、(　　　　　　)、静压导轨。

8. 对数控机床导轨的要求有导向精度高、良好的(　　　　　　)保持性、低速运动平稳性、耐磨性好、足够的(　　　　　　)、温度变化影响小、其他要求。

填空题

1. 数控机床进给系统采用齿轮运动副时,应该有消隙措施,其消除的是(　　　)。

A. 齿轮轴向间隙　　　　　　　　　B. 齿顶间隙

C. 齿侧间隙　　　　　　　　　　　D. 齿根间隙

2. 数控机床进给系统的机械传动结构中,结构最简单的导轨(　　　)

A. 静压导轨　　　　　　　　　　　B. 滚动导轨

C. 塑料导轨　　　　　　　　　　　D. 气动导轨

3. 进给系统采用滚珠丝杠传动是因为滚珠丝杠具有(　　　)的特点。

A. 动、静摩擦数目接近　　　　　　B. 摩擦因数小

C. 传动效率高定位精度高　　　　　D. 便于消除间隙

4. 数控机床进给系统采由 NC 发出指令,通过伺服系统最终由(　　　)来完成坐标轴的移动。

A. 电磁阀　　　　　　　　　　　　B. 伺服电机

C. 变压器　　　　　　　　　　　　D. 测量装置

5. 数控机床进给系统减少摩擦阻力和动静摩擦之差,是为了提高数控机床进给系统的(　　　)。

A. 传动刚度　　　　　　　　　　　B. 刚度

C. 运动精度和刚度　　　　　　　　D. 快速响应性能和运动精度

判断题

1. 为了提高数控机床进给系统的快速响应性能和运动精度,必须减少运动件的摩擦阻力和动静摩擦力之差。(　　　)

2. 滚珠丝杠螺母副预紧的基本原理是使两个螺母产生径向位移,以消除它们之间的间隙和施加预紧力。(　　　)

3. 滚珠丝杠副和普通滑动丝杠螺母副一样,要用润滑剂来提高耐磨性及传动效率。( )

4. 机床上一般都不采用两条导轨来承受载荷和导向。( )

5. 滚动导轨的滚动体,可采用滚珠、滚柱、滚针。( )

6. 滚珠丝杠副的轴向间隙是指负载时滚珠与滚道型面接触的弹性变形所引起的螺母位移量和螺母原有间隙的之差。( )

7. 齿轮-齿条是行程较长的大型数控机床上常用的主传动形式。( )

8. 滚珠的总数 N:一般 N 不超过 150 个,若超过规定的最大值,则因流通不畅容易产生堵塞现象。( )

简答题

1. 现代数控机床对传动系统的要求有哪些?

2. 简述滚珠丝杠副的特点。

3. 指出图 5.15 中 1、2、3 分别是什么,并简述其工作原理。

4. 简述联轴器的种类及其工作原理。

5. 以 FANUC 0i 系统为例,叙述丝杠间隙补偿的操作步骤。

6. 以 FANUC 0i 系统为例,叙述丝杠反向间隙补偿的操作步骤。

项目6　数控刀具与自动换刀装置

6.1　项目任务

【学习任务】

1. 了解数控机床用刀具的分类和特点。
2. 掌握数控机床常用刀具的特点。
3. 掌握数控机床常用铣削刀柄的结构。
4. 理解对数控机床自动换刀的要求。
5. 掌握无机械手、有机械手换刀装置的结构、原理与换刀过程，理解各自的特点。
6. 熟知刀库的类型及其动作过程。
7. 了解机械手的各种形式及其结构，掌握钳形手爪的工作原理，掌握机械手爪驱动原理。
8. 了解数控机床刀具选择的方式。

【学习重点与难点】

重点：数控机床常用刀具、铣削刀柄的结构和应用特点，有机械手换刀装置的结构、原理与换刀过程及其特点。

难点：有机械手换刀装置的结构、原理与换刀过程，钳形手爪的工作原理，机械手爪驱动原理。

6.2　项目内容

6.2.1　数控刀具

1. 数控刀具的特点

数控加工刀具与普通金属切削刀具相比，应具有以下特点：

- 刀柄的强度要高、刚性要好；

- 刀片或刀具的热变形小,耐磨性要好；

- 刀具应具有较高的精度,包括刀具的形状精度、刀片及刀柄对机床主轴的相对位置精度、刀片及刀柄的转位及拆装的重复精度；

- 刀具应能可靠地断屑或卷屑,以利于切屑的排除；

- 刀具应便于调整、互换,以减少换刀调整时间；

- 刀片及刀柄高度的通用化、规格化、系列化,以利于编程和刀具管理。

2. 数控刀具的分类

(1) 按结构分类

按结构可分为整体式、镶嵌式、特殊型式(如减震式刀具、内冷式刀具等)。镶嵌式又可分为焊接式和机夹式,机夹式根据刀体结构不同分为可转位和不转位。目前数控刀具主要采用机夹可转位刀具。

硬质合金可转位刀片的国家标准采用了 ISO 国际标准。为适应我国的国情还在国际标准规定的 9 个号位之后,加一短横线,用一个字母和一位数字表示刀片断屑槽的形式和宽度。因此,我国可转位刀片的型号,共用 10 个号位的内容来表示刀片主要参数的特征。例如,刀片标记"T N U M 16 04 08 E R A2"表示：

T:刀片形状——正三角形；

N:后角——0°；

U:尺寸偏差等级——U 级；

M:刀片类型——M 型(单面断屑槽,紧固方式:有圆形中心孔)；

16:刀刃长度——主切削刃尺寸整数表示,圆刀片用直径表示；

04:刀片厚度——4.76 mm；

08:刀尖圆弧半径——0.8 mm；

E:刃口形状——E 型；

R:切削方向——右切；

A2:断屑槽型与宽度——A 型,宽度 2 mm。

(2) 按制造所采用的材料分类

- 高速钢刀具。

- 硬质合金刀具:目前,硬质合金刀具使用最普遍,涂层硬质合金刀片是在韧性较好的工具表面涂上一层耐磨损、耐溶着、耐反应的物质,使刀具在切削中同时具有既硬而又不易破损的性能。常见的涂层材料有 TiC、TiN、TiCN、Al_2O_3 等陶瓷材料。如图 6.1 所示是硬质合金涂层刀片。

图 6.1　硬质合金涂层刀片

- 陶瓷刀具:高温强度好,多用于高速连续切削。
- 立方氮化硼刀具:超高速加工的首选刀具材料。
- 金刚石刀具:金刚石刀具适用于高效地加工有色金属和非金属材料。

材料的硬度、耐磨性,金刚石最高,递次降低到高速钢。材料的韧性则是高速钢最高,金刚石最低。

(3) 按切削工艺分类

① 车削刀具

数控车床一般使用标准的机夹可转位刀具(如图 6.2(a)和图 6.2(e)所示)。机夹可转位刀具的刀片和刀体都有标准,刀片材料采用硬质合金、涂层硬质合金以及高速钢。

数控车床机夹可转位刀具类型有外圆刀具、外螺纹刀具、内圆刀具、内螺纹刀具、切断刀具、孔加工刀具(包括中心孔钻头、镗刀、丝锥等)。

机夹可转位刀具夹固不重磨刀片时通常采用螺钉、螺钉压板、杠销或楔块等结构。

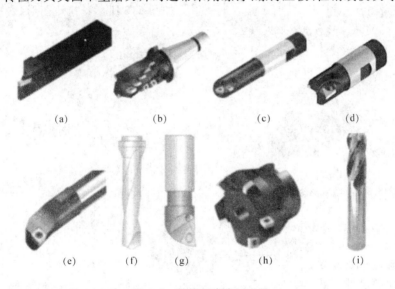

(a)　　(b)　　(c)　　(d)

(e)　(f)　(g)　(h)　(i)

图 6.2 数控机床常用刀具

② 钻削刀具〔如图 6.2(f)所示〕

钻削刀具分为小孔、短孔、深孔、攻螺纹、铰孔等。

钻削刀具可用于数控车床、车削中心,又可用于数控镗铣床和加工中心。因此它的结构和联接形式有多种。有直柄、直柄螺钉紧定、锥柄、螺纹联接、模块式联接(圆锥或圆柱联接)等多种。

③ 镗削刀具〔如图 6.2(g)所示〕

镗削刀具分为粗镗、精镗等刀具。

④ 铣削刀具

铣削刀具分为面铣、立铣、键槽铣刀、鼓形铣刀、成形铣刀等刀具。

面铣刀〔也叫端铣刀,如图 6.2(h)所示〕:面铣刀的圆周表面和端面上都有切削刃,端部切削刃为副切削刃。面铣刀多制成套式镶齿结构和刀片机夹可转位结构,刀齿材料为高速钢或硬质合金,刀体为 40 Cr。

立铣刀:立铣刀是数控机床上用得最多的一种铣刀。立铣刀的圆柱表面和端面上都有切削刃,它们可同时进行切削,也可单独进行切削。结构有整体式〔如图 6.2(i)所示〕和机夹式〔如图 6.2(b)、图 6.2(c)和图 6.2(d)所示〕等,高速钢和硬质合金是铣刀工作部分的常用材料。

模具铣刀:模具铣刀由立铣刀发展而来,可分为圆锥形立铣刀、圆柱形球头立铣刀和圆锥形球头立铣刀三种。它的结构特点是球头或端面上布满切削刃,可以作径向和轴向进给。铣刀工作部分常用高速钢或硬质合金材料制造。

6.2.2 常用铣削刀柄

加工中心的主轴锥孔通常分为两大类,即锥度为 7∶24 的通用系统和 1∶10 的 HSK 真空系统。因此对应主轴锥孔的刀柄也有如下两种:7∶24 锥度的通用刀柄和 1∶10 的 HSK 真空刀柄。

如图 6.3、图 6.4 和图 6.5 所示是刀柄图形。如图 6.6 所示是拉钉图形。

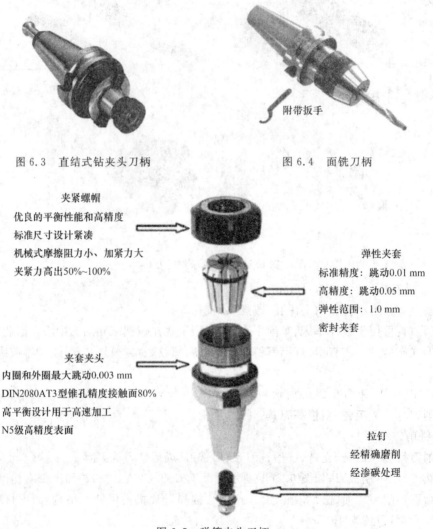

附带扳手

图 6.3 直结式钻夹头刀柄　　　　　　　图 6.4 面铣刀柄

夹紧螺帽
优良的平衡性能和高精度
标准尺寸设计紧凑
机械式摩擦阻力小、加紧力大
夹紧力高出50%~100%

弹性夹套
标准精度:跳动0.01 mm
高精度:跳动0.05 mm
弹性范围:1.0 mm
密封夹套

夹套夹头
内圈和外圈最大跳动0.003 mm
DIN2080AT3型锥孔精度接触面80%
高平衡设计用于高速加工
N5级高精度表面

拉钉
经精确磨削
经渗碳处理

图 6.5 弹簧夹头刀柄

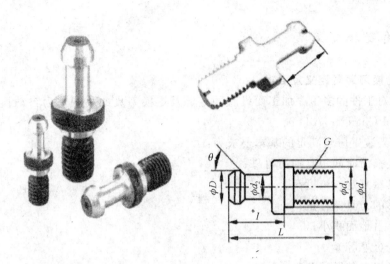

图 6.6　拉钉

　　7：24 的通用刀柄是靠刀柄的 7：24 锥面与机床主轴孔的 7：24 锥面接触定位连接的,其加工工艺较简单,但在高速加工、连接刚性和重合精度三方面有局限性。

　　HSK 真空刀柄靠刀柄的弹性变形,不但刀柄的 1：10 锥面与机床主轴孔的 1：10 锥面接触,而且使刀柄的法兰盘面与主轴面也紧密接触,这种双面接触系统在高速加工、连接刚性和重合精度上均优于 7：24 的通用刀柄。

6.2.3　数控车削刀具系统

　　车削刀具系统的构成和结构,与机床刀架的形式、刀具类型及刀具是否需要动力驱动等因素有关。数控车床常采用立式或卧式转塔刀架作为刀库,刀库容量一般为 4～8 把刀具,常按加工工艺顺序布置,由程序控制实现自动换刀。其特点是结构简单,换刀快速,每次换刀仅需 1～2 s。如图 6.7 所示为数控车削加工用工具系统的一般结构体系。德国 DIN69880 工具系统属于此类系统。

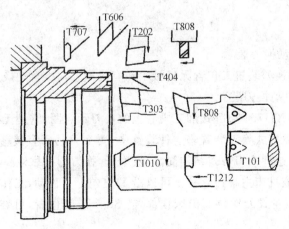

图 6.7　车削加工中心上加工工件时需要的刀具

6.2.4 自动换刀装置

1. 自动换刀装置定义及要求

为完成对工件的多工序加工而设置的存储及更换刀具的装置称为自动换刀装置(Automatic Tool Changer,ATC)。

自动换刀装置应当满足的基本要求为:

① 刀具换刀时间短且换刀可靠;

② 刀具重复定位精度高;

③ 足够的刀具储存量;

④ 刀库占地面积小;

⑤ 安全可靠等。

2. 自动换刀装置的分类

(1) 不带刀库的自动换刀装置

转塔式自动换刀装置就是典型的不带刀库的自动换刀装置,如图6.8所示。

此种装置的结构特点是转塔刀架上装有主轴头

此种装置的应用特点是刀具少,结构简单,换刀时间短,可靠性好,主轴部件结构刚度低。此种装置适用于精度要求不太高的数控钻镗床。

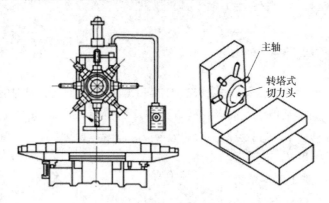

图 6.8 转塔式自动换刀装置

(2) 带刀库的自动换刀装置

此种方式的自动换刀装置又包含无机械手和有机械手两类自动换刀装置。

① 无机械手式自动换刀装置

如图6.9所示为XH754型卧式加工中心上的换刀示意图,它是无机械手式自动换刀的数控机床,属于主轴直接式换刀装置。这种装置中,要么刀具库直接移到主轴位置,要么主轴直接移至刀具库。这种换刀方式结构简单,成本低,换刀的可靠性高。

如图6.9所示,该机床主轴在立柱上可以沿 Y 方向上下移动,工作台横向运动为 Z 轴,纵向移动为 X 轴。鼓轮式刀库位于机床顶部,有30个装刀位置,可装29把刀具。其换刀过程如下。

① 如图6.9(a)所示,当加工工步结束后执行换刀指令,主轴实现准停,主轴箱沿 Y 轴

上升。这时机床上方刀库的空挡刀位正好交换位置,装夹刀具的卡爪打开。

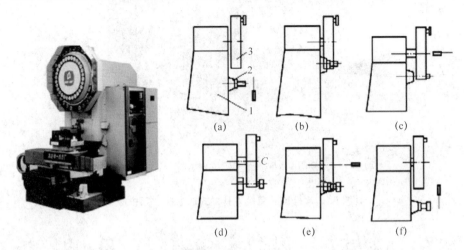

图 6.9　XH754 型卧式加工中心主轴直接式换刀装置

② 如图 6.9(b)所示,主轴箱上升到极限位置,被更换刀具的刀杆进入刀库空刀位,即被刀具定位卡爪钳住,与此同时,主轴内刀杆自动夹紧装置放松刀具。

③ 如图 6.9(c)所示,刀库伸出,从主轴锥孔中将刀具拔出。

④ 如图 6.9(d)所示,刀库转动,按照程序指令要求将选好的刀具转到最下面的位置,同时压缩空气将主轴锥孔吹净。

⑤ 如图 6.9(e)所示,刀库退回,同时将新刀具插入主轴锥孔。主轴内有夹紧装置将刀杆拉紧。

⑥ 如图 6.9(f)所示,主轴下降到加工位置后启动,开始下一工步的加工。

无机械手式自动换刀装置特点如下。

• 结构上的特点:这种换刀机构不需要机械手,结构简单、紧凑。一般刀具存放方向与主轴装刀方向一致并且空间上要求可以接触到。

• 动作特点:交换刀具时,主轴和刀具做相对运动,主轴及刀库取放刀具。

• 应用特点:结构较简单,成本较低,可靠性较高。由于交换刀具时机床不工作,所以不会影响加工精度,但会影响机床的生产率。因刀库尺寸限制,刀库容量较少,换刀时间较长(一般 10～20 s)。多用于中小型加工中心。

② 有机械手式自动换刀装置

如图 6.10 所示,它是依靠机械手实现的换刀动作,当主轴上的刀具完成一个工步后,机械手把这一工步的刀具送回刀库,并把下一工步所需要的刀具从刀库中取出来装入主轴以便继续进行加工。

如图 6.11 所示为 JCS-081A 加工中心换刀过程图。具体过程如下。

① 如图 6.11(a)所示,刀库预先按程序中的刀具指令,将准备更换的刀具转到待换刀位置。

② 如图 6.11(b)所示,按换刀指令,待换刀刀座逆时针转动 90°,处于垂直向下的位置,主轴箱上升到换刀位置,机械手旋转 75°,两个手爪分别抓住主轴和刀座中的刀具。

③ 如图 6.11(c)所示,待主轴孔内的刀具自动夹紧机构松开后,机械手向下移动,将主轴和刀座中的刀具拔出。

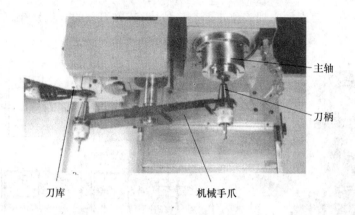

图 6.10　机械手交换刀具方式的数控加工中心

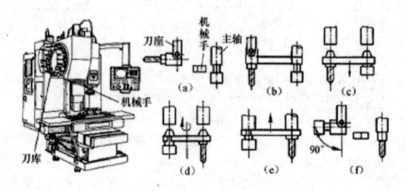

图 6.11　JCS-018A 加工中心换刀过程图

④ 如图 6.11(d)所示,松刀的同时主轴孔中吹出压缩空气,清洁主轴和刀柄,然后机械手旋转 180°。

⑤ 如图 6.11(e)所示,机械手向上移动,将新刀插入主轴,将旧刀插入刀座。

⑥ 如图 6.11(f)所示,刀具装入后主轴孔内拉杆上移夹紧刀具,同时关掉压缩空气;然后机械手往回旋转 75°复位(实际上两手爪互换位,因两爪是中心对称的,不影响下次换刀),刀座向上顺时针旋转 90°至水平位置,换刀过程结束。

如图 6.12 所示为带刀库和机械手的机床图。

图 6.12　带刀库和机械手的机床图

有机械手式自动换刀装置特点如下：

- 刀库位置较无机械手的较为灵活，刀具数量较无机械手的可以多些；
- 换刀动作可以重叠进行，因此换刀时间较短，一般为零点几到几秒；
- 刀库的结构形式多样；
- 主轴刚度好；
- 加工区空间大。

由于上述优点，其在数控机床上的应用较为广泛。

带刀库自动换刀的装置特点如下：

- 由于主轴结构一体化，主轴刚度高；
- 可容纳刀具数量多；
- 刀库可安装在侧面或者后面，扩大了加工、操作空间；
- 由于换刀动作比较复杂，各个动作要求互相协调，以免发生干涉或碰撞。

6.2.5　刀库

1. 刀库定义

刀库是自动换刀装置的主要部件，其容量、布局以及具体结构对数控机床的设计有很大的影响。刀库中的刀具的定位机构是用来保证要更换的每一把刀具或刀套都能准确地停在换刀位置上。采用电动机或液压系统为刀库转动提供动力。根据刀库所需要的容量和取刀的方式，可以将刀库设计成多种形式。

2. 刀库的类型

刀库的功能是储存加工工序所需要的各种刀具，并按程序指令把将要用的刀具准确地送到换刀位置，并接受从主轴送来的已用刀具。刀库的类型有多种，目前在加工中心上用得较普遍的有盘式刀库和链式刀库。

（1）盘式刀库

在盘式刀库结构中，刀具可以沿主轴轴向、径向、斜向安放，刀具轴向安装的结构最为紧凑。但为了换刀时刀具与主轴同向，有的刀库中的刀具需在换刀位置作 90°翻转。在刀库容量较大时，为在存取方便的同时保持结构紧凑，可采取弹仓式结构，目前大量的刀库安装在机床立柱的顶面或侧面。在刀库容量较大时，也有安装在单独的地基上，以隔离刀库转动造成的振动。

盘式刀库的刀具轴线与圆盘轴线平行，刀具环行排列，分径向、轴向两种取刀方式，其刀座（刀套）结构不同。这种盘式刀库结构简单，应用较多，适用于刀库容量较少的情况。为增加刀库空间利用率，可采用双环或多环排列刀具的形式。但圆盘直径增大，转动惯量就增加，选刀时间也较长。如图 6.13(a)、图 6.13(b)所示为盘式刀库。

（2）链式刀库

如图 6.14 所示为链式刀库，通常刀具容量比盘式的要大，结构也比较灵活和紧凑，常为轴向换刀。链环可根据机床的布局配置成各种形状，也可将换刀位置刀座突出以利于换刀。另外还可以采用加长链带方式加大刀库的容量，也可采用链带折叠回绕的方式提高空间利用率，在要求刀具容量很大时还可以采用多条链带结构。

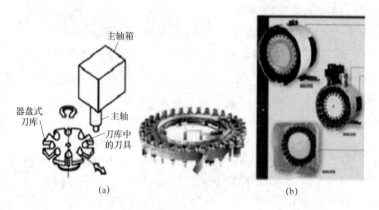

图 6.13　盘式刀库

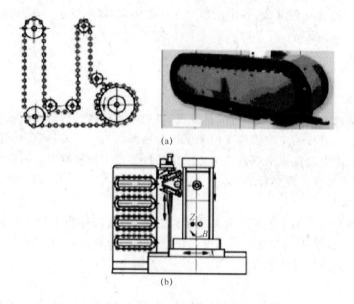

图 6.14　链式刀库

（3）格子盒式刀库

① 固定型格子盒式刀库。如图 6.15 所示,刀具分几排直线排列,由纵、横向移动的取刀机械手完成选刀运动,将选取的刀具送到固定的换刀位置刀座上,由换刀机械手交换刀具。由于刀具排列密集,空间利用率高,刀库容量大。

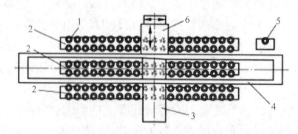

1—刀座；2—刀具固定板架；3—取刀机械手横向导轨；
4—取刀机械与纵向导轨；5—换刀位置刀座；6—换刀机械手

图 6.15　固定型格子盒式刀库

② 非固定型格子盒式刀库。如图 6.16 所示,刀库由多个刀匣组成,可直线运动,刀匣可以从刀库中垂向提出。

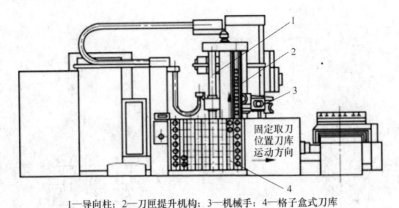

固定取刀位置刀库运动方向

1—导向柱；2—刀匣提升机构；3—机械手；4—格子盒式刀库

图 6.16 非固定型格子盒式刀库

3. 刀库的容量

刀库的容量首先要考虑加工工艺的需要。一般情况下,并不是刀库中的刀具越多越好,太大的容量会增加刀库的尺寸和占地面积,使选刀过程时间增长。例如,根据以钻、铣为主的立式加工中心所需刀具数的统计,绘制出如图 6.17 所示的曲线。按成组技术分析,曲线表明各种加工刀具所必需的刀具数的结果是:4 把刀的容量就可以完成 90% 左右的铣削工艺,10 把孔加工刀具可完成 70% 的钻削工艺,因此,14 把刀的容量就可完成 70% 以上的工件钻铣工艺。如果从完成工件的全部加工所需的刀具数目统计,所得结果是 80% 的工件(中等尺寸,复杂程度一般)完成全部加工任务所需的刀具数在 40 种以下,所以一般的中小型立式加工中心配 14～30 把刀具的刀库就能够满足 70%～95% 的工件加工需要。

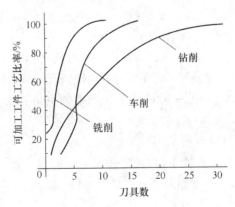

图 6.17 加工工件与刀具数量的关系

6.2.6 机械手

采用机械手进行刀具交换的方式应用得最为广泛,这是因为机械手换刀有很大的灵活性,而且可以减少换刀时间。

1．机械手的形式

在自动换刀数控机床中，机械手的形式也是多种多样的，常见的有如图 6.18 所示的几种形式。

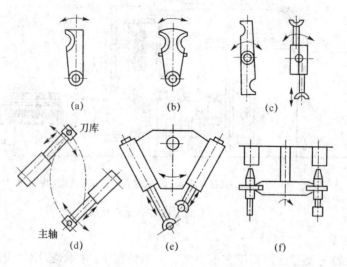

图 6.18　机械手的形式

（1）单臂单爪回转式机械手〔如图 6.18(a)所示〕

这种机械手的手臂可以回转不同的角度进行自动换刀，手臂上只有一个夹爪，不论在刀库上或在主轴上，均靠这一个夹爪来装刀及卸刀，因此换刀时间较长。

（2）单臂双爪摆动式机械手〔如图 6.18(b)所示〕。

这种机械手的手臂上有两个夹爪，两个夹爪有所分工：一个夹爪只执行从主轴上取下"旧刀"送回刀库的任务；另一个爪则执行由刀库取出"新刀"送到主轴的任务。其换刀时间较上述单爪回转式机械手要少。

（3）单臂双爪回转式机械手〔如图 6.18(c)所示〕

这种机械手的手臂两端各有一个夹爪，两个夹爪可同时爪取刀库及主轴上的刀具，回转 180°后，又同时将刀具放回刀库及装入主轴。换刀时间较以上两种单臂机械手均短，是最常用的一种形式。图 6.18(c)右边的一种机械手在抓取刀具或将刀具送入刀库及主轴时，两臂可伸缩。

（4）双机械手〔如图 6.18(d)所示〕

这种机械手相当两个单爪机械手，相互配合起来进行自动换刀。其中一个机械手从主轴上取下"旧刀"送回刀库；另一个机械手由刀库里取出"新刀"装入机床主轴。

（5）双臂往复交叉式机械手〔如图 6.18(e)所示〕

这种机械手的两个手臂可以往复运动，并交叉成一定的角度。一个手臂从主轴上取下"旧刀"送回刀库；另一个手臂由刀库取出"新刀"装入主轴。整个机械手可沿某导轨直线移动或绕某个转轴回转，以实现刀库与主轴间的运刀运动。

（6）双臂端面夹紧机械手〔如图 6.18(f)所示〕

这种机械手只是在夹紧部位上与前几种不同。前几种机械手均靠夹紧刀柄的外圆表面以抓取刀具，这种机械手则夹紧刀柄的两个端面。

2．常用换刀机械手

（1）单臂双爪式机械手

单臂双爪式机械手，也叫扁担式机械手，它是目前加工中心上用得较多的一种。这种机械手的拔刀、插刀动作，大多由液压缸来完成。根据结构要求，可以采取液压缸动、活塞固定，或活塞动、液压缸固定的结构形式。而手臂的回转动作，则通过活塞的运动带动齿条齿轮传动来实现。机械手臂的不同回转角度，由活塞的可调行程来保证。

这种机械手采用了液压装置，既要保持不漏油，又要保证机械手动作灵活，而且每个动作结束之前均必须设置缓冲机构，以保证机械手的工作平衡、可靠。由于液压驱动的机械手需要严格的密封，还需较复杂的缓冲机构；控制机械手动作的电磁阀都有一定的时间常数，因而换刀速度慢。近年来国内外先后研制了凸轮联动式单臂双爪机械手。其工作原理如图 6.19 所示。这种机械手的优点是：由电动机驱动，不需较复杂的液压系统及其密封、缓冲机构，没有漏油现象，结构简单，工作可靠。同时，机械手手臂的回转和插刀、拔刀的分解动作是联动的，部分时间可重叠，从而大大缩短了换刀时间。

（2）双臂单爪交叉型机械手

由北京机床研究所开发和生产的 JCS013 卧式加工中心，所用换刀机械手就是双臂单爪交叉型机械手，如图 6.20 所示。

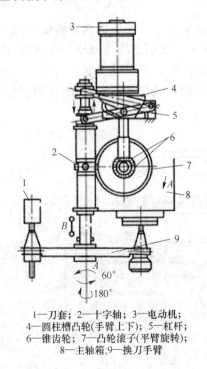

1—刀套；2—十字轴；3—电动机；
4—圆柱槽凸轮（手臂上下）；5—杠杆；
6—锥齿轮；7—凸轮滚子（平臂旋转）；
8—主轴箱；9—换刀手臂

图 6.19　机械手臂和手爪的结构

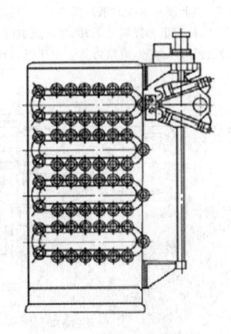

图 6.20　双臂单爪交叉机械手

3．机械手手爪形式与结构原理

（1）机械手手爪形式

钳形机械手手爪如图 6.21 所示。图中的锁销 2 在弹簧（图中未画出此弹簧）作用下，其大直径外圆顶着止退销 3，杠杆手爪 6 就不能摆动张开，手中的刀具就不会被甩出。当抓刀和换刀时,锁销 2 被装在刀库主轴端部的撞块压回,止退销 3 和杠杆手爪 6 就能够摆动、放开,刀具就能装入和取出。这种手爪均为直线运动抓刀。

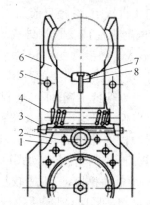

1—手臂;2—锁销;3—止退销;
4—弹簧;5—支点轴;6—手爪;7—键;8—螺钉

图 6.21　钳形机械手手爪

（2）机械手结构原理（如图 6.22 所示）

机械手结构及工作原理如下。

机械手有两对抓刀爪,分别由液压缸 1 驱动其动作。当液压缸推动机械手抓刀爪外伸时（图 6.22 中上面一对抓刀爪）,抓刀爪上的销轴 3 在支架上的导向槽 2 内滑动,使抓刀爪绕销 4 摆动,抓刀爪合拢抓住刀具;当液压缸间缩时（图 6.22 中下面的抓刀爪）,支架 2 上的导向槽迫使抓刀爪张开,放松刀具。由于抓刀动作由机械机构实现,且能自锁,因此工作安全可靠。

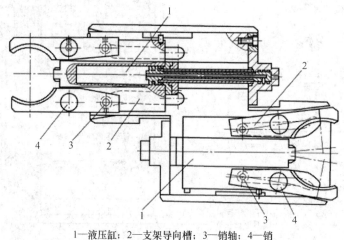

1—液压缸;2—支架导向槽;3—销轴;4—销

图 6.22　机械手结构原理图

4. 机械手的驱动机构

如图 6.23 所示为机械手的驱动机构。气缸 1 通过杆 6 带动机械手臂升降。当机械手在上边位置时（图示位置）,液压缸 4 通过齿条 2、齿轮 3、传动盘 5、杆 6 带动机械手臂回转;当机械手在下边位置时,气缸 7 通过齿条 9、齿轮 8、传动盘 5 和杆 6,带动手臂回转。

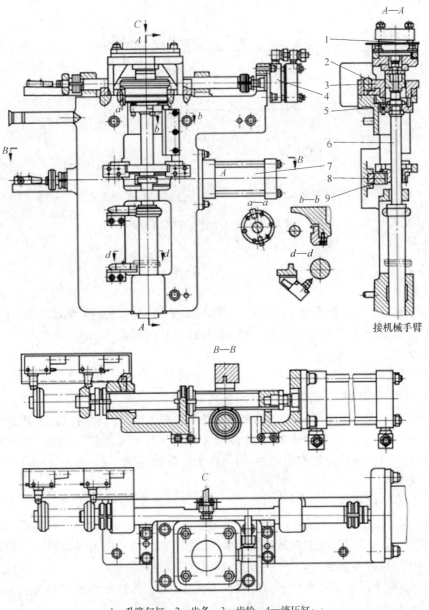

1—升降气缸；2—齿条；3—齿轮；4—液压缸；
5—传动盘；6—杆；7—转动气缸；8—齿轮；9—齿条

图 6.23　机械手的驱动机构

　　如图 6.24 所示为机械手臂和手爪结构图。手臂的两端各有一手爪。活动销 4 在弹簧 1 的推动下，把刀具顶在固定爪 5 上。锁紧销 2 被弹簧 3 弹起，使活动销 4 被锁位，不能后退，这就保证了在机械手运动过程中，手爪中的刀具不会被甩出。当手臂在上方位置从初始位置转过 75°时锁紧锁 2 被挡块压下，活动锁 4 就可以活动，使得机械手可以抓住（或放开）主轴和刀套中的刀具。

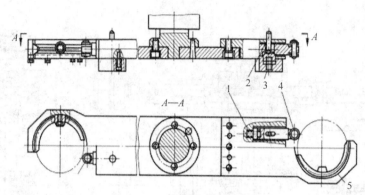

1—弹簧；2—锁紧销；3—弹簧；4—活动销；5—固定爪

图 6.24　机械手臂和手爪结构图

6.2.7　刀具选择方式

按数控装置的刀具选择指令，从刀库中将所需要的刀具转换到取刀位置，称为自动选刀。在刀库中，选择刀具通常采用顺序选刀和任选刀具两种方式。

1. 顺序选刀

顺序选刀方式是按照预定工序的先后顺序将所用刀具插入刀库刀座中，使用时按顺序转到取刀位置。用过的刀具放回原来的刀座内。该法不需要刀具识别装置，驱动控制也较简单，工作可靠。但刀库中每一把刀具在不同的工序中不能重复使用。为了满足加工需要，只有增加刀具的数量和刀库的容量，这就降低了刀具和刀库的利用率。此外，装刀时必须十分谨慎，如果刀具不按顺序装在刀库中，将会产生严重的后果。

2. 任选刀具

任选刀具方式是根据程序指令的要求任意选择所需要的刀具，刀具在刀库中不必按照工件的加工顺序排列，可以任意存放。每把刀具（或刀座）都编上代码，自动换刀时刀库旋转，每把刀具（或刀座）都经过"刀具识别装置"接受识别。当某把刀具的代码与数控指令的代码相符合时，该刀具被选中，刀库将刀具送到换刀位置，等待机械手来抓取。任意选刀方式的优点是刀库中刀具的排列顺序与工件加工顺序无关，而且相同的刀具可重复使用。因此，刀具数量比顺序选刀方式的刀具可少一些，刀库尺寸也相对小一些。

目前大多数的数控系统都采用任选功能，任选刀具主要有以下三种编码方式。

（1）刀具编码方式

这种方式是对每把刀具进行编码，由于每把刀具都有自己的代码，因此，可以存放于刀库的任一刀座中。这样刀具可以在不同的工序中多次重复使用，用过的刀具也不一定放回原刀座中，避免了因刀具存放在刀库中的顺序差错而造成的事故。但每把刀具上都带有专用的编码系统，刀具长度加长，制造困难，刚度降低，刀库和机械手的结构复杂。

刀具编码的具体结构如图 6.25 所示。在刀柄 1 后端的拉杆 4 上套装着等间隔的编码环 2，由锁紧螺母 3 固定。编码环既可以是整体的，也可由圆环组装而成。编码环直径有大小两种，大直径的为二进制的"1"，小直径的为"0"。通过这两种圆环的不同排列，可以得到一系列代码。例如由六个大小直径的圆环便能区别 63（$2^6-1=63$）种刀具。通常全部为 0 的代码不许使用,以避免与刀座中没有刀具的状况相混淆。为了便于操作者的记忆和识别,也可采用二八进制编码来表示。

THK6370 自动换刀数控镗铣床的刀具编码采用了二八进制,六个编码环相当于八进制的二位。

（2）刀座编码方式

这种编码方式对每个刀座都进行编码,刀具也编号,并将刀具放到与其号码相符的刀座中,换刀时刀库旋转,使各个刀座依次经过识刀器,直至找到规定的刀座,刀库便停止旋转。由于这种编码方式取消了刀柄中的编码环,使刀柄结构大为简化。因此,识刀器的结构不受刀柄尺寸的限制,而且可以放在较适当的位置。另外,在自动换刀过程中必须将用过的刀具放回原来的刀座中,增加了换刀动作。与顺序选择刀具的方式相比,刀座编码的突出优点是刀具在加工过程中可重复使用。

如图 6.26 所示为圆盘形刀库的刀座编码装置。在圆盘的圆周上均布若干个刀座,其外侧边缘上装有相应的刀座识别装置 2。刀座编码的识别原理与上述刀具编码的识别原理完全相同。

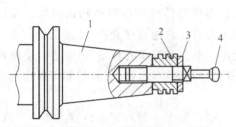

1—刀柄；2—编码环；3—锁紧螺母；4—拉钉

图 6.25　刀具编码方式

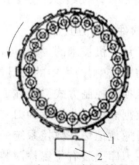

1—刀座；2—刀座识别装置

图 6.26　刀座编码方式

通常编码识别装置分为接触式与非接触式两种。

① 接触式编码识别装置

如图 6.27 所示,在刀柄 1 上装有两种直径不同的编码环,规定大直径的环表示二进制的"1",小直径的环为"0",图中有 5 个编码环 4,在刀库附近固定一刀具识别装置 2,从中伸出几个触针 3,触针数量与刀柄上编码环个数相等。每个触针与一个继电器相连,当编码环是大直径时与触针接触,继电器通电,其数码为"1"。当编码环是小直径时与触针不接触,继电器不通电,其数码为"0"。当各继电器读出的数码与所需刀具的编码一致时,由控制装置发出信号,使刀库停转,等待换刀。

接触式编码识别装置的结构简单,但可靠性较差,寿命较短,而且不能快速选刀。

② 非接触式编码识别装置

非接触式编码识别装置没有机械直接接触,因而无磨损、无噪声、寿命长、反应速度快,适用于高速、换刀频繁的工作场合。可分为磁性和光电识别两种方式。

非接触式磁性识别法是利用磁性材料和非磁性材料磁感应的强弱不同,通过感应线圈读取代码。编码环由导磁材料(如软钢)和非导磁材料(如黄铜、塑料等)制成,规定前者编码为"1",后者编码为"0"。如图6.28所示为一种用于刀具编码的磁性识别装置。图中刀柄1上装有非导磁材料编码环4和导磁材料编码环2,与编码环相对应的有一组由检测线圈6组成的非接触式识别装置3。在检测线圈6的一次线圈,5中输入交流电压时,如编码环为导磁材料,则磁感应较强,在二次线圈7中产生较大的感应电压。如编码环为非导磁材料,则磁感应较弱,在二次线圈中感应的电压较弱。利用感应电压的强弱,就能识别刀具的号码。当编码环的号码与指令刀号相符时,控制电路便发出信号,使刀库停止运转,等待换刀。

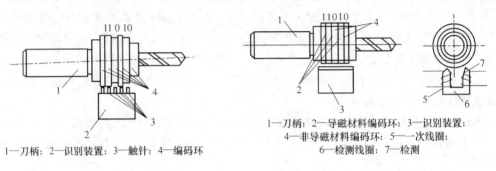

1—刀柄; 2—识别装置; 3—触针; 4—编码环

图6.27　接触式识别装置

1—刀柄; 2—导磁材料编码环; 3—识别装置;
4—非导磁材料编码环; 5—一次线圈;
6—检测线圈; 7—检测

图6.28　非接触式磁性识别法

③ 软件选刀方式

由于计算机技术的发展,可以利用软件选刀代替传统的编码环和识刀器。在这种选刀与换刀的方式中,刀库中的刀具能与主轴上的刀具任意地直接交换,即随机换刀。

随机换刀控制方式需要在PLC内部设置一个模拟刀库的数据表(如表6-1所示),表内设置的数据表地址与刀库的刀套位置号和刀具号相对应,这样,刀具号和刀库中的刀套位置(地址)对应地记忆在数控系统的PLC中。

又在刀库上装有位置检测装置(一般与电动机装在一起),可以检测出每个刀套的位置。此后,随着加工换刀,换上主轴的新刀号以及还回刀库中的旧刀具号,均在PLC内部有相应的刀套号存储单元记忆,无论刀具放在哪个刀套内都始终记忆着它的刀套号变化踪迹。这样就可以实现刀具任意取出并送回。

例如,当PLC接到寻找新刀具的指令(TXX)后,在模拟刀库的刀号数据表中进行数据检索,检索到T代码给定的刀具号,将该刀具号所在数据表中的表序号存放在一个地址单元中,这个表序号就是新刀具在刀库中的目标位置。刀库旋转后,测得刀库的实际位置与刀库目标位置一致时,即识别了所要寻找的新刀具,刀库停转并定位,等待换刀。在执行M06指令时,机床主轴准停,机械手执行换刀动作,将主轴上用过的旧刀和刀库上选好的新刀进行交换,与此同时,修改现在位置地址中的表示刀套号的数据,确定当前换刀的刀套号。

表6-1　模拟刀库数据表

数据表地址	数据序号(刀套号)(BCD码)	刀具号(BCD码)
172	0(0000 0000)	12(0001 0010)
173	1(0000 0001)	11(0001 0001)
174	2(0000 0010)	10(0001 0110)
175	3(0000 0011)	17(0001 0111)

数据表地址	数据序号（刀套号）（BCD 码）	刀具号（BCD 码）
176	4(0000 0100)	15(0001 0101)
177	5(0000 0101)	18(0001 1000)
178	6(00000110)—检索结果输出地址 0151	14(00010100)—检索数据地址 0117
179	7(0000 0111)	13(0001 0011)
180	8(0000 1000)	19(0001 1001)

6.3　项目检测

填空题

1. 数控刀具的分类从结构上可分为：整体式、（　　　）、特殊型式。

2. 镶嵌式又可分为焊接式和（　　　），机夹式根据刀体结构不同分为可转位和（　　　）。

3. 目前数控刀具主要采用（　　　）刀具。

4. 从制造所采用的材料上可分为：高速钢刀具、（　　　）刀具、陶瓷刀具、立方氮化硼刀具、金刚石刀具。

5. 从切削工艺上可分为：车削刀具、钻削刀具、镗削刀具、（　　　）刀具。

6. 车削刀具系统的构成和结构，与机床刀架的形式、（　　　）及刀具是否需要动力驱动等因素有关。

7. 数控车床常采用立式或卧式转塔刀架作为刀库，刀库容量一般为（　　　）把刀具，常按加工工艺顺序布置，由程序控制实现自动换刀。

8. 自动换刀装置的分类：不带刀库的自动换刀装置、（　　　）的自动换刀装置。

9. 带刀库的自动换刀装置又包含：（　　　）和有机械手两类自动换刀装置。

10. 刀库的类型有多种，目前在加工中心上用得较普遍的有（　　　）刀库和链式刀库。

11. 加工中心的主轴锥孔通常分为两大类，即锥度为 7∶24 的通用系统和（　　　）的 HSK 真空系统。

12. 常用换刀机械手：(1)单臂双爪式机械手(2)（　　　）

13. 在刀库中，选择刀具通常采用顺序选刀和（　　　）两种方式。

14. 目前大多数的数控系统都采用任选功能，任选刀具主要有以下三种编码方式：(1)刀具编码方式，(2)（　　　），(3)（　　　）。

15. 通常编码识别装置分为接触式与（　　　）两种。

选择题

1. 下列不属于数控机床结构的是（　　　）。

A. 整体式　　　　　B. 镶嵌式　　　　　C. 特殊形式　　　　　D. 焊接式

2. 下列不属于数控加工刀具与普通金属切削刀具相比，应具有的特点是：（　　　）。

A. 刀柄的强度要高、刚性要好

B. 刀片或刀具的热变形大,耐磨性差

C. 刀具应能可靠地断屑或卷屑,以利于切屑的排除

D. 刀片及刀柄高度的通用化、规格化、系列化,以利于编程和刀具管理

3. 机夹可转位刀具夹固不重磨刀片时通常除了采用螺钉、螺钉压板、杠销等结构,下列哪个也是?(　　　)

A. 楔块　　　　　　　B. 螺母　　　　　　　C. 键　　　　　　　D. 圆柱销

4. 为完成对工件的多工序加工而设置的存储及更换刀具的装置称为(　　　)。

A. 刀库　　　　B. 自动换刀装置　　　　C. 调节刀具装置　　　　D. 存储器

5. 下列属于不带刀库的自动换刀装置的是(　　　)。

A. 转塔式自动换刀装置　　　　　　　B. 无机械手式自动换刀装置

C. 有机械手式自动换刀装置　　　　　　D. 以上都是

6. (　　　)是自动换刀装置的主要部件,其容量、布局以及具体结构对数控机床的设计有很大的影响。

A. 主轴　　　　　　　B. 刀库　　　　　　　C. 刀具　　　　　　　D. 机械手

7. 目前大多数的数控系统都采用任选功能,不属于任选刀具主要编码方式的是(　　　)。

A. 刀具编码方式　　　　　　　　　　B. 刀座编码方式

C. 磁性识别法　　　　　　　　　　　D. 电气识别法

8. 任选刀具方式是根据程序指令的要求选择所需要的刀具,刀具在刀库中(　　　)按照工件的加工顺序排列。

A. 必须　　　　　　　B. 不必　　　　　　　C. 都行　　　　　　　D. A B C 全错

简答题

1. 与普通金属切削刀具相比,数控刀具的特点是什么?

2. 自动换刀装置应当满足的基本要求有哪些?

3. 有机械手式自动换刀装置特点是什么?

4. 在自动换刀数控机床中,机械手的形式有哪几种?

5. 7∶24 的通用刀柄与 1∶10 锥面 HSK 真空刀柄各有何特点?

项目7　伺服与检测装置

7.1　项目任务

【学习任务】

1. 了解数控机床伺服系统的定义。
2. 了解数控机床对伺服系统的要求。
3. 掌握数控机床伺服系统的分类。
4. 掌握步进电机、交流伺服电机的结构和工作原理。
5. 掌握各类电机在数控机床上的应用。
6. 了解检测装置的定义、分类。
7. 了解旋转变压器的结构、工作原理。
8. 掌握检测装置在数控机床上的应用。

【学习重点与难点】

重点：数控机床伺服系统的分类，电机、检测装置在数控机床上的应用。

难点：交流伺服电机的结构和工作原理，旋转变压器的工作原理。

7.2　项目内容

7.2.1　数控机床伺服系统的定义与种类

1. 伺服系统的定义

数控机床伺服系统是以机床移动部件的位置和速度为控制量的自动控制系统，又称位置随动系统。它是数控机床的重要组成部分，其主要功能是接收来自 CNC 装置的指令脉冲，经过一定的信号变换及电压、功率放大，再驱动各加工坐标轴按指令脉冲运动，从而准确地控制它们的速度和位置，达到加工出满足图样要求的工件。

数控机床的伺服控制按照有无反馈可以分为开环控制和闭环控制。

开环控制系统是不将控制的结果反馈回来、以影响当前控制的系统,闭环控制则将机床运动结果反馈给数控系统,进一步修正调节机床运动。例如,调节水龙头水流大小的行为就属于闭环控制。首先在头脑中对水流有一个期望的流量,水龙头打开后由眼睛观察现有的流量大小与期望值进行比较,并不断地用手进行调节,形成一个反馈闭环控制。

2. 数控机床对伺服系统的基本要求

由于各种数控机床所完成的加工任务不同,它们对进给伺服系统的要求也不尽相同,但通常可概括为以下几方面。

(1) 数控机床可逆运行

可逆运行要求能灵活地正反向运行。在加工过程中,机床工作台处于随机状态,根据加工轨迹的要求,随时都可能实现正向或反向运动。同时要求在方向变化时,不应有反向间隙和运动的损失。

(2) 数控机床速度范围宽

为适应不同的加工条件,例如,所加工零件的材料、类型、尺寸、部位以及刀具的种类和冷却方式等的不同,要求数控机床的进给能在很宽的范围内无级变化。这就要求伺服电机有很宽的调速范围和优异的调速特性。经过机械传动后,电动机转速的变化范围即可转化为进给速度的变化范围。

(3) 数控机床高精度

它是伺服系统静态特性与动态特性指标是否优良的具体表现。位置伺服系统的定位精度一般要求能达到 $1~\mu m$ 甚至 $0.1~\mu m$,高的可达到 $\pm 0.01 \sim \pm 0.005~\mu m$。

相应地,对伺服系统的分辨率也提出了要求。当伺服系统接受 CNC 送来的一个脉冲、使工作台相应移动的单位距离叫分辨率(脉冲当量)。系统分辨率取决于系统稳定工作性能和所使用的位置检测元件。

(4) 数控机床低速大转矩

机床的加工特点,大多是在低速时进行切削,即在低速时进给驱动要有大的转矩输出。

3. 伺服驱动控制系统的种类与结构

按伺服控制方式不同,数控机床伺服系统可分为开环、闭环和半闭环系统。

(1) 开环控制数控机床

它的特点是不带测量反馈装置,数控装置发出的指令信号单方向传递,故系统稳定性好。无位置反馈,所以精度不高,其精度主要取决于伺服驱动系统的性能。

开环控制数控机床的工作原理如图 7.1 所示。它是将控制机床工作台或刀架运动的位移距离、位移速度、位移方向和位移轨迹等参量通过输入装置输入 CNC 装置,CNC 装置根据这些参量指令计算出进给脉冲序列(脉冲个数对应位移距离、脉冲频率对应位移速度、脉冲方向对应位移方向、脉冲输出的次序对应位移轨迹),然后对脉冲单元进行功率放大,形成驱动装置的控制信号。最后,由驱动装置驱动工作台或刀架按所要求的速度、轨迹、方向和移动距离,加工出形状、尺寸与精度符合要求的零件。

开环控制数控机床一般由步进电动机作为伺服执行元件。控制方式简单,信号单向传递,无位置反馈,具有运行平稳、调试方便、维修简单、成本低廉等优点。在精度和速度要求不高、驱动力矩不大的场合得到广泛应用。但由于步进电动机的低频共振、失步等原因,使其应用逐渐减少。它主要应用于要求不高的经济型数控机床中。

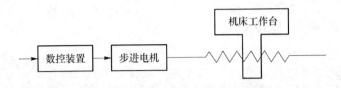

图 7.1　开环控制数控机床工作原理框图

（2）全闭环控制数控机床

全闭环控制数控机床工作原理如图 7.2 所示，闭环控制系统采用直流、交流伺服电动机驱动，位置检测元件安装于机床运动部件上，直接检测工作台的实际位移，可以消除整个传动环节的误差和间隙，因而具有很高的位置控制精度。但是由于位置环内的许多机械环节的摩擦特性、刚性和间隙都是非线性的，故很容易造成系统的不稳定，造成调试困难。这类系统主要用于精度要求很高的镗铣床、超精车床、螺纹车床和加工中心等。

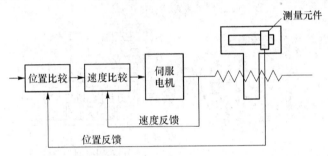

图 7.2　全闭环控制数控机床工作原理框图

（3）半闭环控制数控机床

半闭环控制数控机床工作原理如图 7.3 所示，它是从伺服电动机或丝杠的端部进行位置检测，通过检测电动机和丝杠旋转角度来间接检测工作台的实际位置或位移。

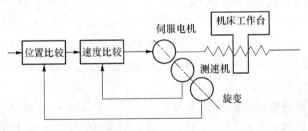

图 7.3　半闭环控制数控机床工作原理框图

在半闭环环路内不包括或只包括少量机械传动环节，可得到较稳定的控制性能。其系统稳定性介于开环和闭环控制系统之间。

另外，滚珠丝杠的螺距误差和手轮或同步带轮等引起的运动误差难以消除。因此，其系统精度介于开环和闭环控制系统之间。但大部分可用误差补偿的方法消除，因而仍可获得满意的精度。

半闭环控制系统环路短、刚度好、间隙小、结构简单、调试方便、精度较高，因此在现代CNC 机床中得到了广泛的应用。

7.2.2 步进和伺服电动机

1. 步进电动机

步进电动机是一种用电脉冲信号进行控制、并将电脉冲信号转换成相应的角位移的执行器,也称脉冲电动机。每当给步进电动机输入一个电脉冲信号,其转轴就转过一个角度,称为步距角,其角位移量与电脉冲数成正比,其转速与电脉冲频率成正比,通过改变频率就可以调节电动机的转速。步进电动机的最大缺点是容易失步,特别是在大负载和速度较高的情况下更容易失步。主要用于速度与精度要求不高的经济型数控机床及旧机床设备的改造。

(1) 步进电动机结构

各种步进电动机都有定子和转子,但因类型不同,结构也不完全一样。如图 7.4 所示为反应式步进电动机的结构,它由定子 1、定子绕组 2 和转子 3 组成。

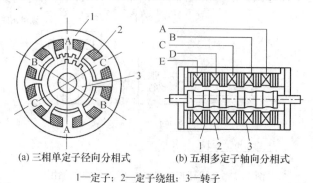

(a) 三相单定子径向分相式　　　　(b) 五相多定子轴向分相式

1—定子；2—定子绕组；3—转子

图 7.4　反应式步进电动机的结构

如图 7.4(a)所示为三相单定子径向分相式反应式步进电动机的结构图,定子上有 6 个均布的磁极,在直径相对的两个极上的线圈串联,构成了一相控制绕组;每个定子极上均布一定数目的齿,齿槽距相等,转子上无绕组,只有均布一定数目的齿,齿槽等宽。如图 7.4(b)所示为五相多定子轴向分相式反应式步进电动机的结构图,它的定子轴向排列,定子和转子铁芯都成五段,每段一相,依次错开排列,每相是独立的,这就是五相反应式步进电动机。

(2) 步进电动机的工作原理

它实际上是电磁铁的作用原理。下面以如图 7.5 所示的一个最简单的步进电动机结构为例说明步进电动机的工作原理。其定子上分布有 6 个齿极,每两个相对齿极装有一相励磁绕组,构成三相绕组。

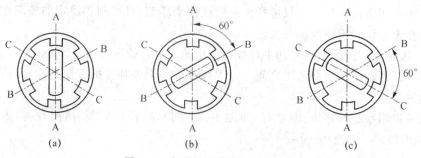

(a)　　　　　　　　(b)　　　　　　　　(c)

图 7.5　步进电动机的工作原理图

当 A 绕组通电,B、C 绕组断电时,为保证磁力线路径的磁阻最小,转子的位置应如图 7.5(a)所示。同理,当 B 绕组通电,A、C 绕组断电时,转子的位置如图 7.5(b)所示。当 C 绕组通电,A、B 绕组断电时,转子的位置如图 7.5(c)所示。由此看来,如果绕组的通电顺序为 A→B→C→A→…时,步进电动机将按顺时针方向旋转。定子绕组的通电状态每改变一次,转子转动一个固定角度 60°,称为步进电动机的步距角。同理,当定子绕组通电顺序为 A→C→B→A→…时,则电动机转子就会逆时针方向旋转起来,其步距角仍为 60°。

（3）特性

① 步距角

步距角 α 是步进电动机主要特性参数。步进电动机的步距角是步进电动机绕组的通电状态每改变一次,转子转过的角度,它反映了步进电动机的分辨能力,是决定步进式伺服系统脉冲当量的重要参数。步距角一般由定子相数 m、转子齿数 z 和通电方式决定,即

$$\alpha = 360°/mzk$$

式中:m——步进电动机定子相数;

　　　z——步进电动机转子齿数;

　　　k——通电方式,相邻两次通电的相数一样,则 $k=1$,反之单双相轮流通电,$k=2$。

② 运行矩频特性

步进电动机在连续运行时,转矩和频率的关系称为运行矩频特性。它是衡量步进电动机运转时承载能力的动态性能指标。运行矩频特性也是一条下降曲线,如图 7.6 所示,但远远高于启动频率。由图 7.6可以看出,随着连续运行频率的上升,输出转矩下降,承载能力下降。

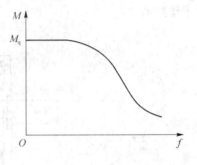

图 7.6　运行矩频特性

2. 伺服电动机

如图 7.7 所示是伺服电动机外形。

直流伺服电动机是用直流电信号控制的执行元件,它的功能是将输入的电压控制信号快速转换为轴上的角位移或角速度输出。以直流伺服电动机作为驱动元件的伺服系统称为直流伺服系统。

图 7.7　伺服电动机

20 世纪 80 年代以前,在数控机床中采用的伺服系统中,一直是以直流伺服电动机为主,这主要是因为直流电动机控制简单可靠、输出转矩大、调速性能好、线性调速范围宽、信号响应迅速、无控制电压立即停转、工作平稳可靠的缘故。但是由于直流伺服电动机的电刷

和换向器易磨损,换向时会产生火花,需要经常维护,最高转速受到限制,也使应用环境受到限制;它的结构复杂,制造困难,制造成本高。而交流伺服电动机没有上述缺点,从 20 世纪 80 年代开始,交流伺服电动机开始引起人们的关注,近年来交流调速技术及应用有了飞速的发展,交流伺服电动机的可变速驱动系统已发展为数字化,实现了大范围平滑调速,打破了"直流传动调速,交流传动不调速"的传统分工格局,另外由于它的结构简单坚固、容易维护、转子的转动惯量可以设计得很小,能经受高速运转等优点。因此,在当代的数控机床上,交流伺服系统得到了广泛的应用。

数控机床的进给驱动系统中多采用永磁同步交流伺服电动机;主轴驱动广泛应用交流异步伺服电动机。

(1) 交流伺服电动机的结构

永磁交流同步伺服电动机的结构如图 7.8 所示,由定子、转子和检测元件三部分组成。电枢在定子上,定子具有齿槽,内有三相交流绕组,形状与普通交流感应电动机的定子相同。但采取了许多改进措施,如非整数节距的绕组、奇数的齿槽等,这种结构的优点是气隙磁密度较高、极数较多。电动机外形呈多边形,且无外壳。转子由多块永磁铁和冲片组成,磁场波形为正弦波。转子结构中还有一类是有极靴的星形转子,采用矩形磁铁或整体星形磁铁。检测元件(脉冲编码器或旋转变压器)安装在电动机上,它的作用是检测出转子磁场相对于定子绕组的位置。

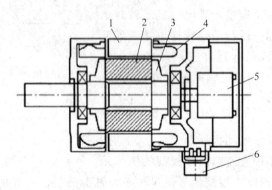

1—定子;2—转子;3—转子永久磁铁;
4—定子绕组;5—检测元件;6—接线盒

图 7.8 永磁交流同步伺服电动机结构图

(2) 交流伺服电动机的工作原理与性能

① 永磁交流同步伺服电动机

如图 7.9 所示,永磁式交流同步电动机由定子、转子和检测元件三部分组成,当定子三相绕组通上交流电后,就产生一个旋转磁场,这个旋转磁场以同步转速 n_s 旋转。根据磁极的同性相斥、异性相吸的原理,定子旋转磁场与转子永久磁场磁极相互吸引,并带动转子一起旋转,因此,转子也将以同步转速 n_s 旋转。当转子轴加上外负载转矩时,转子磁极的轴线将与定子磁极的轴线相差一个 θ 角,负载转矩变化,θ 角也随之变化。只要外负载不超过一定限度,转子就会与定子旋转磁场一起旋转。若设其转速为 $n(\text{r/min})$,则:

$$n = n_s = 60f/p \qquad\qquad 式(7.1)$$

式中:f—交流供电电源频率(Hz);

p—转子磁极对数。

② 交流异步伺服电动机

交流主轴电动机用的是交流异步伺服电动机,它是基于感应电动机的结构而专门设计的。通常为增加输出功率、缩小电动机体积,采用定子铁芯在空气中直接冷却的方法,没有机壳,且在定子铁芯上做有通风孔。因此电动机外形多呈多边形而不是常见的圆形。在电动机轴尾部安装检测用的码盘。

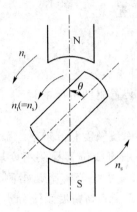

图 7.9 永磁交流同步伺服电动机工作原理图

交流主轴电动机与普通感应式伺服电动机的工作原理相同。在电动机定子的三相绕组通以三相交流电时,就会产生旋转磁场,这个磁场切割转子中的导体,导体感应电流与定子磁场相作用产生电磁转矩,从而推动转子转动,其转速 n_t 为

$$n_t = n_s(1-s) = 60f/p(1-s) \qquad 式(7.2)$$

式中:n_s—同步转速(r/min);

$\quad\quad f$—交流供电电源频率(Hz);

$\quad\quad s$—转差率,$s = (n_s - n_t)/n_s$;

$\quad\quad p$—极对数。

同感应式伺服电动机一样,交流主轴电动机需要转速差才能产生电磁转矩,所以电动机的转速低于同步转速,转速差随外负载的增大而增大。

交流伺服电动机的调速方法

由式(7.1)和式(7.2)可见,要改变交流同步伺服电动机的转速可采用两种方法:其一是改变磁极对数 p,这是一种有级的调速方法,它是通过对定子绕组接线的切换以改变磁极对数来实现的;其二是变频调速,通过改变电动机电源频率来改变电动机的转速,这是交流同步电动机的一种较为理想的调速方法,该方法可实现无级调速,其效率和功率因数都很高。

变频调速的主要环节是为电动机提供频率可变电源的变频器。

(3) 性能

永磁式交流同步电动机的缺点是启动难。这是由于转子本身的惯量、定子与转子之间的转速差过大,使转子在启动时所受的电磁转矩的平均值为零所致,因此电动机难以启动。解决的办法是在设计时设法减小电动机的转动惯量,或在速度控制单元中采取先低速后高速的控制方法。

数控机床的进给驱动系统中多采用永磁同步交流伺服电动机,结构简单、运行可靠、效率高,且由变频电源供电时,可方便地获得与频率成正比的可变转速,得到非常硬的机械特性及宽的调速范围。

主轴驱动系统中多使用交流异步伺服电动机也称交流感应伺服电动机,其结构简单、重量轻、价格便宜。它的缺点是转速受负载的变化影响较大,所以一般不用于进给运动系统。转速差随外负载的增大而增大。

7.2.3 数控机床的检测装置

1. 检测装置定义

检测装置是数控机床的重要组成部分,它是依靠指令值和检测装置的反馈值比较后发出控制指令,控制伺服系统和传动装置驱动机床的运动部件,实现数控机床各种加工过程,保证具有较高的加工精度。

位置检测装置的精度主要包括系统精度和分辨率。系统精度是指在一定长度或转角范围内测量累积误差的最大值。目前一般直线位移检测精度均已达到 $\pm 0.002 \sim 0.02$ mm/m 以内,回转角测量精度达到 $\pm 10'/360°$;系统分辨率是指测量元件所能正确检测的最小位移量,目前直线位移的分辨率多数为 1 μm,高精度系统分辨率可达 0.01 μm,回转分辨率可达 2'。分辨率应适应机床精度和伺服系统的要求。分辨率的提高,对提高系统其他性能指标和运行平稳性都很重要。通常检测装置能检测到的数控机床运动部件的运动速度为 0 $\sim$ 24 m/min。不同类型的数控机床对检测装置的精度和适应速度的要求是不同的。对于大型机床以满足速度要求为主,对于中小型机床和高精度机床以满足精度要求为主。选择测量系统的分辨率要比加工精度高一个数量级。

2. 检测装置的分类

检测装置根据被测物理量分为位移、速度、和电流三种类型;按测量方法分为增量式和绝对值式两种;根据运动形式分为旋转型和直线型检测装置。如表 7.1 所示是分类及名称。

表 7.1 检测装置分类及名称

类型	数字式		模拟式	
	增量式	绝对式	增量式	绝对式
回转型	编码器 圆光栅	编码器	旋转变压器 圆感应同步器 圆形磁栅	多极旋转变压器 旋转变压器组合 三速圆感应同步器
直线型	长光栅 激光干涉仪	编码尺 多通道透射光栅	直线感应同步器 磁栅、容栅	三速感应同步器 绝对值式磁尺

3. 数控机床对检测装置的要求

(1) 工作有较高的可靠性和抗干扰能力

检测装置应能抗各种电磁干扰,抗干扰能力强,基准尺对温度和湿度敏感性低,温湿度变化对测量精度等环境因素影响小。

(2) 满足精度和速度的要求

分辨率应在 0.001 $\sim$ 0.01 mm 内,测量精度应满足 $\pm 0.002 \sim 0.02$ mm/m,运动速度应

满足 0～20 m/min。

（3）便于安装和维护

检测装置安装时要满足一定的安装精度要求，安装精度要合理，考虑到影响，整个检测装置要求有较好的防尘、防油污、防切屑等措施。

（4）成本低、寿命长

不同类型的数控机床对检测系统的分辨率和速度有不同的要求。一般情况下，选择检测系统的分辨率或脉冲当量，要求比加工精度高一个数量级。

4. 旋转变压器

旋转变压器是一种数控机床上常见的角位移测量装置，它具有结构简单、动作灵敏、工作可靠、对环境条件要求低、输出信号幅度大和抗干扰能力强等特点，其缺点是信号处理比较复杂。旋转变压器被广泛地应用于半闭环控制的数控机床上。

（1）旋转变压器的结构

旋转变压器由定子和转子两大部分组成，如图 7.10 所示。在定、转子铁心槽中分别嵌放着两个轴线在空间互相垂直的分布绕组，即两极两相绕组。图 7.10 中，S1S3 及 S2S4 为定子绕组，它们的结构完全相同。R1R3 及 R2R4 为转子绕组，它们的结构也完全相同。定子绕组为变压器的一次侧，转子为变压器的二次侧，激磁电压接到一次侧，频率通常为 400 Hz、500 Hz、1 000 Hz 以及 5 000 Hz 等几种。定子和转子绕组之间的互感系数是按转子偏转角的正弦和余弦规律变化，一个信号与转子角度的正弦成比例变化，另一个信号

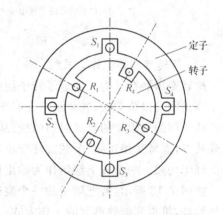

图 7.10　旋转变压器结构示意图

与转子角度的余弦成比例变化。定子绕组引出线直接接到接线板上，而转子绕组要通过集电环和电刷接到接线板上。

通常应用的二极旋转变压器，定子和转子各有一对磁极。除此之外，还有一种多极旋转变压器。

（2）旋转变压器的工作原理

旋转变压器根据互感原理工作，定子与转子之间气隙磁通分布呈正/余弦规律。当定子加上一定频率的激磁电压时（为交变电压，频率为 2～4 kHz），通过电磁耦合，转子绕组产生感应电势，其输出电压的大小取决于定子和转子两个绕组轴线在空间的相对位置。两者平行时感应电势最大，两者垂直时，感应电势为零。

单极对旋转变压器的工作情况如图 7.11 所示。

设一次绕组匝数为 N_1，二次绕组匝数为 N_1，$n = N_1/N_2$ 为变压比，当一次侧输入交变电压

$$U_1 = U_m \sin \omega t$$

二次侧产生感应电势

$$U_2 = nU_1 = nU_m \sin \omega t \sin \theta$$

式中：U_2—转子绕组感应电势；

U_1—定子的激磁电压；

U_m—激磁电压幅值；

θ—转子偏转角。

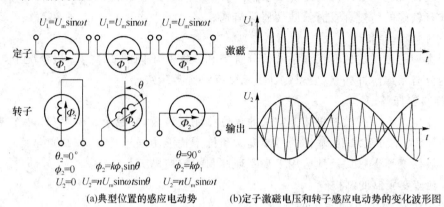

(a)典型位置的感应电动势   (b)定子激磁电压和转子感应电动势的变化波形图

图 7.11　旋转变压器工作原理

（3）旋转变压器工作方式

旋转变压器在结构上保证了转子绕组中的感应电压随转子的转角以正弦规律变化。当转子绕组中接以负载时，其绕组中便有正弦感应电流通过，该电流所产生的交变磁通将使定子和转子间的气隙中的合成磁通畸变，从而使转子绕组中输出电压也发生畸变。为了克服上述缺点，通常采用正弦、余弦旋转变压器，其定子和转子绕组均由两个匝数相等，且相互垂直的绕组构成。一个转子绕组作为输出信号，另一个转子绕组接高阻抗作为补偿。

如图 7.12 所示，若把转子的一个绕组短接，而定子的两个绕组分别通以激磁电压，应用叠加原理，可得到两种典型的工作方式。

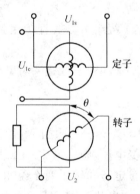

图 7.12　正、余弦旋转变压器工作原理

① 鉴相工作方式

给定子的两个绕组分别通以等幅、等频，但相位相差 $\pi/2$ 的交流激磁电压，即：

$$U_{1s}=U_m\sin \omega t$$

$$U_{1c}=U_m\cos \omega t=U_m\sin(\omega t+\pi/2)$$

则转子中的感应电压应为这两个电压的代数和即

$$U_2=U_{1s}\sin \theta+U_{1c}\cos \theta=kU_m\sin \omega t\sin \theta+kU_m\cos \omega t\cos \theta=kU_m\cos(\omega t-\theta) \quad 式(7.3)$$

式中：U_m—激磁电压幅值；

　　k—电磁耦合系数，$k<1$；

　　θ—相位角，即转子偏转角。

同理，假如转子逆向转动，可得

$$U_2 = kU_m\cos(\omega t + \theta) \qquad 式(7.4)$$

由式(7.3)、式(7.4)可以看出，转子输出电压的相位角和转子的偏转角之间有严格的对应关系。这样，我们只要检测出转子输出电压的相位角，就可知道转子的转角。由于旋转变压器的转子是和被测轴连接在一起的，故被测轴的角位移也就测到了。

② 鉴幅工作方式

给定子的两个绕组分别通以等频、等相，但幅值不同的交流励磁电压，即

$$U_{1s} = U_m\sin\alpha\sin\omega t$$
$$U_{1c} = U_m\cos\alpha\sin\omega t$$

此时，则转绕组感应电压为

$$U_2 = U_{1s}\sin\theta + U_{1c}\cos\theta = kU_m\sin\alpha\sin\omega t\sin\theta + kU_m\cos\alpha\sin\omega t\cos\theta$$
$$= kU_m\cos(\alpha - \theta)\sin\omega t \qquad 式(7.5)$$

同理，如果转子逆向转动，可得

$$U_2 = kU_m\cos(\alpha + \theta)\sin\omega t \qquad 式(7.6)$$

由式(7.5)、式(7.6)可以看出，转子感应电压的幅值随转子的偏转角 θ 而变化，测量出幅值即可求得转角 θ。

7.3　项目检测

填空题

1. 数控机床的伺服控制按照有无反馈可以分为开环控制和（　　　　）。

2. （　　　　）控制系统是不将控制的结果反馈回来、以影响当前控制的系统。

3. （　　　　）控制则将机床运动结果反馈给数控系统，进一步修正调节机床运动。

4. 步进电动机是一种用电脉冲信号进行控制、并将电脉冲信号转换成相应的（　　　　）的执行器，也称脉冲电动机。

5. 直流伺服电动机是用（　　　　）电信号控制的执行元件，它的功能是将输入的电压控制信号，快速转换为轴上的角位移或角速度输出。

6. 永磁式交流同步电动机由定子、转子和（　　　　）三部分组成

7. 交流主轴电动机用的是交流异步伺服电动机，它是基于（　　　　）的结构而专门设计的。

8. 交流主轴电动机与（　　　　）伺服电动机的工作原理相同。

9. 永磁式交流同步电动机的缺点是（　　　　）。

10. 主轴驱动系统中多用（　　　　）电动机，也称交流感应伺服电动机，结构简单，重量轻，价格便宜。

11. 检测装置是数控机床的重要组成部分,它是依靠(　　　　)和检测装置的反馈值比较后发出控制指令,控制伺服系统和传动装置驱动机床的运动部件,实现数控机床各种加工过程,保证具有较高的加工精度。

12. 位置检测装置的精度主要包括系统精度和(　　　　)。

13. 系统精度是指在一定长度或转角范围内测量(　　　　)误差的最大值。

14. 分辨率应适应机床精度和(　　　　)的要求。

15. 检测装置根据被测物理量分为位移、速度、和(　　　　)三种类型。

16. 检测装置按测量方法分为增量式和(　　　　)式两种。

17. 检测装置根据运动形式分为旋转型和(　　　　)检测装置。

18. 旋转变压器被广泛地应用于(　　　　)环控制的数控机床上。

19. 旋转变压器由定子和(　　　　)两大部分组成。

20. 旋转变压器根据互感原理工作,定子与转子之间气隙磁通分布呈(　　　　)规律。

21. 旋转变压器在结构上保证了转子绕组中的感应电压随转子的转角以(　　　　)规律变化。

22. 不同类型的数控机床对检测装置的精度和适应速度的要求是不同的。对于大型机床以满足(　　　　)为主,对于中小型机床和高精度机床以满足(　　　　)为主。

23. 选择测量系统的分辨率要比加工精度(　　　　)一个数量级。

24. 按伺服控制方式不同,数控机床伺服系统可分为开环、(　　　　)和半闭环系统。

25. 开环控制数控机床的特点是不带(　　　　)装置。

26. 开环控制数控机床一般由(　　　　)作为伺服执行元件。

简答题

1. 数控机床对伺服系统的基本要求有哪些?

2. 伺服驱动控制系统的种类有哪些?

3. 数控机床对检测装置的要求有哪些?

项目 8   数控机床的辅助装置

8.1   项目任务

【学习任务】

1. 学会读懂液压系统原理图。
2. 能够分析液压系统组成及各元件在系统中的作用。
3. 初步学会分析液压系统及其特点。
4. 了解排屑机构的工作原理、分类与使用特点。
5. 掌握数控机床润滑与冷却系统的作用与结构。

【学习重点与难点】

重点：数控机床液压系统原理图，数控机床润滑与冷却系统的作用与结构。

难点：数控机床液压系统原理图。

8.2   项目内容

8.2.1   液压和气压传动装置

1. 液压系统和气压系统的组成及工作原理

如图 8.1 所示为常用液压系统的组成和工作原理图。8 是液压缸及缸杆，缸杆是执行部件，它可以按照需要进行伸缩动作。

其工作原理如下。

液压缸杆的伸出（向右运动）：

进油路：泵 3→阀 6（右）→阀 7→液压缸 8（左）；

回油路：液压缸 8（右）→阀 9→阀 6（右）→油箱 1。

液压缸杆的收回（向左运动）：

进油路:泵 3→阀 6(左)→阀 9→液压缸 8(右);

回油路:液压缸 8(左)→阀 7→阀 6(左)→油箱 1。

液压缸杆停止:

泵 3→阀 6(中)→阀 4→油箱 1。

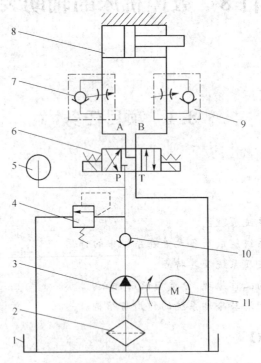

1—油箱；2—过滤器；3—液压泵；4—溢流阀；
5—压力表；6—三位四通电磁阀；7、9—单向节流阀；
8—液压缸；10—单向阀；11—电动机

图 8.1　液压系统的组成和工作原理图

气压传动的工作原理和液压类似。如果将如图 8.1 所示系统中的油液换成空气,把油箱及与之相连的油管换成储气罐和空气压缩机,将液压缸改为气缸,那么该系统便可视为一个气压传动系统。生活中常用的打气筒,就是一个典型的气压装置。

通过以上的分析不难看出,液压与气压传动是以密封容积中的受压工作介质来传递动力和运动的。它先将机械能转换成工作介质的压力能,通过由各种元件组成的控制回路实现能量的控制与调节,最终将传动介质的压力能还原为机械能,使执行机构实现预定的动作,按照程序完成相应的动力与运动输出。

一个完整的液压系统一般由以下几部分组成。

(1) 能源部分(动力源)

动力装置是指将原动机的机械能转换成传动介质压力能的装置。它是系统的动力源,用以提供一定流量或一定压力的液体或压缩空气。常见的动力装置有液压泵、空气压缩机等。

①　液压泵

液压泵是系统的动力元件，它是一种能量转换装置，将原动机的机械能转换成液压力能，为液压系统提供动力，是液压系统的重要组成部分。常见的类型有齿轮泵、叶片泵和柱塞泵等。

齿轮泵：成本较低，体积小，油液中污物对其工作影响不严重，不易咬死。工作压力较低，流量脉动大，引起压力脉动大，使管道、阀门等产生振动，噪声大。

叶片泵：流量均匀，运转平稳，噪声小，工作压力较高。结构紧凑，外形尺寸小且排量大。工作可靠性差，对油液污染敏感。

柱塞泵：额定压力高，泵的驱动功率大。成本较贵，对油液的污染较敏感。

②　空气压缩机

空气压缩机是气压传动系统的动力源，也是系统的心脏部分，是把电动机输出的机械能转换成传动介质压力能的能量转换装置。常见的类型有往复式、螺杆式、离心式等。

（2）执行机构部分

执行装置用于连接工作部件，将工作介质的压力能转换为工作部件的机械能，常见的有进行直线运动的动力缸（包括液压缸和气缸）和进行回转运动的液压马达、气马达。

①　液压缸

液压缸是液压系统中的执行元件，它是一种把液体的压力能转变为直线往复运动机械能的装置。它可以很方便地获得直线往复运动和很大的输出力，结构简单、工作可靠，制造容易，因此应用广泛，是液压系统中最常用的执行元件。液压缸按结构特点的不同可分为活塞缸、柱塞缸和摆动缸三类，活塞缸和柱塞缸用以实现直线运动，输出推力和速度；摆动缸（或称摆动马达）用以实现小于 360°的转动，输出转矩和角速度。

②　液压马达

液压马达属液压执行元件，它将输入液体的压力能转换成机械能，以扭矩和转速的形式输送到执行机构做功，输出的是旋转运动。

液压马达按额定转速分为高速和低速两大类。高速液压马达的主要特点是转速较高、转动惯量小，便于启动和制动，调速和换向的灵敏度高。低速液压马达的主要特点是排量大、体积大、转速低，可直接与工作机构连接，简化传动机构。液压马达按其结构类型可分为齿轮式、叶片式、柱塞式和其他形式。

（3）控制调节装置

控制与调节装置是指用于控制、调节系统中工作介质的压力、流量和流动方向，从而控制执行元件的作用力、运动速度和运动方向的装置，同时也可以用来卸载、实现过载保护等。按照功能的不同分为压力阀、流量阀、方向阀等。

①　压力控制阀

压力控制阀用于控制液压、气压传动系统中工作介质的压力，使系统能够安全、可靠、稳定地运行。常用的压力控制阀有溢流阀、减压阀、顺序阀等。

溢流阀的作用一是稳定液压系统中某一点（溢流阀的进口）处的压力，实现稳压、调压、限压、产生背压、卸荷等作用，二是在系统中起安全作用。

② 流量控制阀

流量控制阀是通过改变阀口的通流面积来改变流量从而调节执行元件速度的控制阀。液压与气压传动中使用的流量控制阀应满足如下要求：具有足够的调节范围和调节精度；温度和压力的变化对流量的影响要小；调节方便，泄漏小，液压传动用流量控制阀应能保证稳定的最小流量。常用的流量控制阀有普通节流阀、调速阀、溢流节流阀等。

③ 方向阀

方向控制阀是控制液压、气压传动系统中必不可少的控制元件。它通过控制阀口的通、断来控制液体流动的方向，主要有单向控制阀和换向控制阀两大类。单向阀主要用于控制油路单向接通，分隔油路，防止油路间的干扰，做背压阀使用等。换向阀主要是借助于阀芯和阀体之间的相对移动来控制油路的通、断关系，改变油液的流动方向，从而控制执行元件的运动方向。

上述各种控制阀基本上都有用于液压和气压控制系统的。

（4）辅助部分

辅助装置是指对工作介质起到容纳、净化、润滑、消声和实现元件之间连接等作用的装置，如油箱、管件、过滤器、分水滤气器、冷却器、油雾器、消声器等。它们对保证系统稳定、可靠地工作是不可缺少的。

如图 8.2 所示是液压、气压元器件外形图，如图 8.2(a)所示是液压泵，如图 8.2(b)所示是电磁换向阀，如图 8.2(c)所示是液压马达，如图 8.2(d)所示是液压站，如图 8.2(e)所示是空气压缩机。

表 8.1 是常用液压元件及其图形符号。

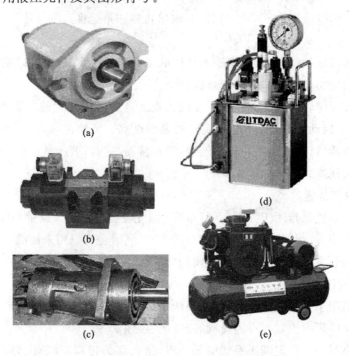

图 8.2　液压、气压元器件外形图

表 8.1　常用液压图形符号(摘自 GB/T786.1—1993)

(1)液压泵、液压马达和液压缸

名称		符号	说明	名称	符号	说明
液压泵	液压泵		一般符号	不可调单向缓冲缸	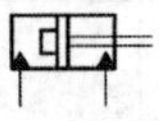	详细符号
	单向定量液压泵		单向旋转、单向流动、定排量			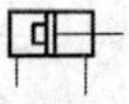 简化符号
	双向定量液压泵		双向旋转，双向流动，定排量	可调单向缓冲缸	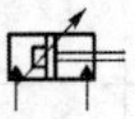	详细符号
	单向变量液压泵		单向旋转，单向流动，变排量			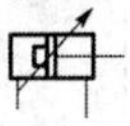 简化符号
	双向变量液压泵		双向旋转，双向流动，变排量	不可调双向缓冲缸	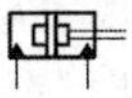	详细符号
液压马达	液压马达		一般符号	双作用缸		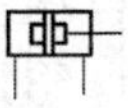 简化符号
	单向定量液压马达		单向流动，单向旋转	可调双向缓冲缸	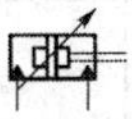	详细符号
	双向定量液压马达		双向流动，双向旋转，定排量			 简化符号
	单向变量液压马达		单向流动，单向旋转，变排量	伸缩缸	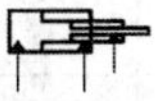	
	双向变量液压马达		双向流动，双向旋转，变排量	气-液转换器	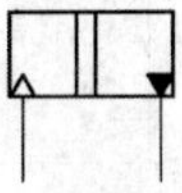	单程作用
	摆动马达	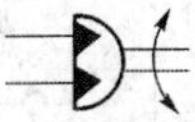	双向摆动，定角度	压力转换器		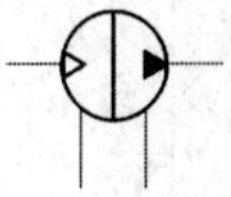 连续作用

(2)压力控制阀

名称		符号	说明	名称	名称	符号	说明
溢流阀	溢流阀		一般符号或直动型溢流阀	减压阀	先导型比例电磁式溢流减压阀		
	先导型溢流阀				定比减压阀		减压比 1/3
	先导型电磁溢流阀		（常闭）		定差减压阀		
	直动式比例溢流阀			顺序阀	顺序阀		一般符号或睦动型顺序阀
	先导比例溢流阀				先导型顺序阀		
	卸荷溢流阀	p_2 p_1	$p_2 > p_1$ 时卸荷		单向顺序阀（平衡阀）		
	双向溢流阀		直动式，外部泄油	卸荷阀	卸荷阀		一般符号或直动型卸荷阀
减压阀	减压阀		一般符号或直动型减压阀	制动阀	先导型电磁卸荷阀	p_1 p_2	$p_1 > p_2$
	先导型减压阀				双溢流制动阀		
	溢流减压阀				溢流油桥制动阀		

（3）方向控制阀

名称		符号	说明	名称	符号	说明
单向阀	单向阀		详细符号	换向阀	二位五通液动阀	
			简化符号（弹簧可省略）		二位四通机动阀	

续　表

名称		符号	说明	名称	符号	说明
液压单向阀	液控单向阀		详细符号（控制压力关闭阀）	三位四通电磁阀		
			简化符号	三位四通电液阀		简化符号（内控外泄）
			详细符号（控制压力打开阀）	三位六通手动阀		
			简化符号（弹簧可省略）	三位五通电磁阀		
	双液控单向阀			三位四通电液阀		外控内泄（带手动应急控制装置）
梭阀	或门型		详细符号	三位四通比例阀		节流型，中位正遮盖
			简化符号	三位四通比例阀		中位负遮盖
换向阀	二位二通电磁阀		常断	二位四通比例阀		
			常通	四通伺服		
	二位三通电磁阀			四通电液伺服阀		二级
	二位三通电磁球阀					带电反馈三级
	二位四通电磁阀					

续表

(4)流量控制阀

名称		符号	说明
节流阀	可调节流阀	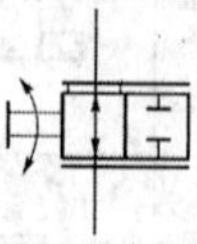	详细符号
			简化符号
	不可调节流阀		一般符号
	单向节流阀	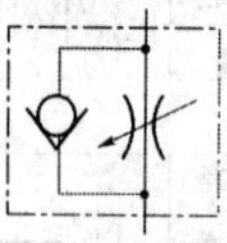	
	双单向节流阀	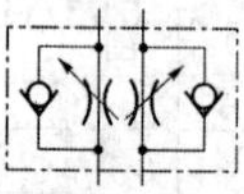	
	截止阀		
	滚轮控制节流阀(减速阀)	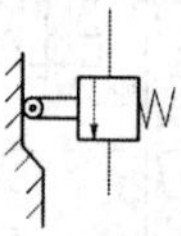	
调速阀	调速阀	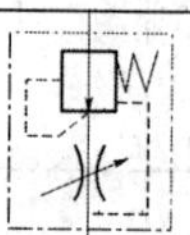	详细符号

名称		符号	说明
调速阀	调速阀		简化符号
	旁通型调速阀	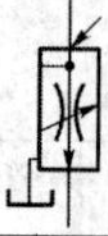	简化符号
	温度补偿型调速阀		简化符号
	单向调速阀	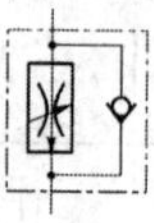	简化符号
同步阀	分流阀	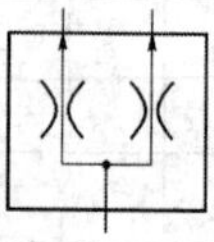	
	单向分流阀	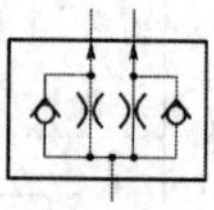	
	集流阀	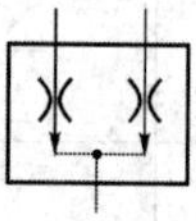	
	分流集流阀	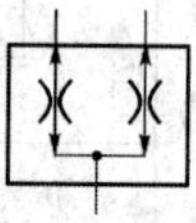	

(5)油箱

名称		符号	说明
通大气式油箱	管端在液面上	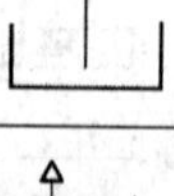	
	管端在液面下	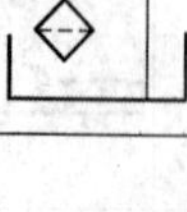	带空气过滤器

名称	符号	说明
管端在油箱底部	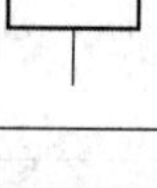	
局部泄油或回油	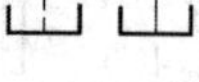	
加压油箱或密闭油箱	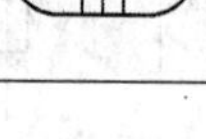	三条油路

(6)流体调节器

名称		符号	说明	名称	符号	说明
过滤器	过滤器		一般符号	空气过滤器		
	带污染指示器的过滤器			温度调节器		

2. 液压系统与气压系统的特点与应用范围

液动装置的优点如下：

· 液压传动装置以工作压力高的油为工作介质,机械结构紧凑,与其他传达室动装置相比在同等体积条件下可以产生较大的力或力矩；

· 动作平稳可靠,易于制动和换向等调节和控制,易于实现机电自动化；

· 噪声较小；

· 液压传动具有自润滑、自冷却作用,寿命长。

液动装置的缺点是:需配置液压泵和油箱,易产生渗漏和环境污染。

气动装置的优点如下：

· 气动装置的气源以空气为介质,成本低廉,容易获得,装置结构简单,工作无污染；

· 黏度小,适于远距离传输；

· 反应灵敏,便于维护,工作速度控制和动作频率高,适合完成频繁启动的辅助动作；

· 过载时比较安全,不易发生过载时损坏机件的事故。

气动装置的缺点是:变载荷运动平稳性差、出力小,需要润滑。

鉴于上述特点,液压装置常用于大、中型数控机床。气压装置常用于功率不大,精度要求不高的中、小型数控机床。

3. 液压系统与气压系统在数控机床上的应用

(1)自动换刀所需的动作。如机械手的伸、缩、回转和摆动及刀具的松开和夹紧动作。

(2)机床运动部件的运动、制动和离合器的控制、齿轮拨叉挂挡等。

(3)回转工作台的夹紧松开、交换工作台的自动交换动作。

(4)夹具的自动夹紧、放松。如卡盘工件夹紧、尾座移动。

(5)机床防护罩、板、门的自动开关。

(6)工件、夹具定位面和交换工作台的自动吹屑、清理定位基准面等。

(7)静压支承部件:如静压轴承、静压导轨

(8)机床运动部件的平衡。如机床主轴箱的重力平衡、刀库机械手的平衡装置等。

4. TND360 数控机床液压系统

如图 8.3 所示为数控车床 TND360 机床的液压系统原理。该机床液压系统由液压站和五条液压支路组成。五条液压支路分别是卡盘夹紧支路、尾架套筒移动支路、主轴变速支路和预留两条支路。

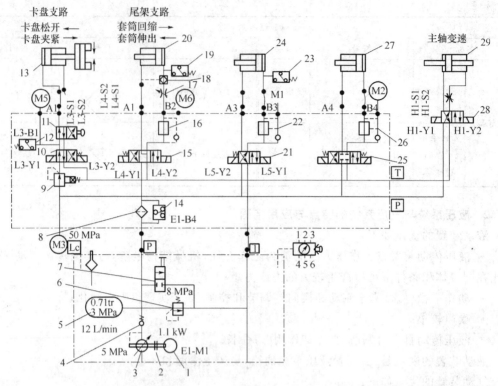

1—液压电动机；2—联轴器；3—变量泵；4—单向阀；5—蓄能器；6—溢流阀；
7—手动换向阀；8—滤油器；9—减压阀；10—电磁换向阀；11—手动换向阀；
12—压力继电器；13—液压缸；14—压力继电器；15、21、25、28—电磁换向阀；
16、22、26—减压阀；17—节流阀；18—液控单向阀；19、23—压力继电器；
20、24、27、29—液压缸

图 8.3　TND360 机床的液压系统原理

（1）液压工作站

液压工作站的工作原理是由液压电动机 1（交流电动机，1.1 kW）通过联轴器 2 驱动外反馈限压式变量泵 3 产生压力油，压力油经过单向阀 4 和滤油器 8 后输出。在单向阀与滤油器之间，油路上并联有蓄能器 5、溢流阀 6 和手动二位二通换向阀 7。蓄能器用于稳定系统中油的稳定与补偿流量的变化量；溢流阀作为系统的安全阀，限制系统的最高压力；手动换向阀是为检修而设置的，在需要时卸掉油路中的负荷，使压力油经手动阀直接流回油箱。这样可判断故障是否在油泵上。一般情况下手动换向阀在截止位。

在过滤器 8 的两端加压力继电器 14 监视过滤器的堵塞情况。当过滤器堵塞时，压力继电器发出电信号给机床控制系统，产生报警信号，使操作人员能够迅速地进行清洗或更换过滤网，恢复液压系统正常工作状态。在液压油箱上为防止灰尘进入油箱，油箱的空气入口处加有空气过滤器。为了解油箱内油液的多少，用油标进行检测。

（2）卡盘夹紧支路

卡盘要通过卡爪的抓紧和放松动作来实现对工件的夹紧与放松。工作中要能判别其卡爪是否夹紧工件，如果没有夹紧工件，则数控加工程序不能执行，并在执行时发出报警信号。

卡盘夹紧支路是图上左上侧一条支路。压力油经减压阀 9 稳定工作压力后，通过电磁换向阀 10，通过手动换向阀 11 的左位进入液压缸 13。当电磁换向阀左线圈 L3-Y1 得电时,磁阀工作在左位,压力油进入液压缸 13 的左腔,液压缸右腔中的油流回油箱,缸杆右移,卡盘夹紧。夹紧力的大、小通过减压阀来调整,值的大、小可以看压力表。夹紧与否由缸杆上的撞块触发左极限开关 L3-S1 与压力继电器 12(L3-B1)的信号组合判别。仅有压力继电器 L3-B1 信号时,表明卡盘上工件被夹紧;同时具有左极限开关 L3-S1 和压力继电器 L3-B1 的信号时,表明卡盘上的工件未被夹紧。工件未被夹紧时,要重新调整卡爪在卡盘上的位置,使工件能被卡盘夹紧。当电磁换向阀 L3-Y2 得电时,电磁阀工作在右位,压力油经电磁阀右位、手动阀左位进入液压缸的右腔,液压缸左腔中的压力油经手动阀左位,电磁阀右位后流回油箱,这时缸杆左移,卡盘夹爪放松。当缸杆回到最左端,左极限开关 L3-S2 发出信号,表明卡爪已完全放松。手动换向阀用于维修和调整。

（3）尾架套筒支路

尾架套筒的前端用于安装活动顶针,活动顶针在加工时,用于长轴类零件的辅助支承。所以,尾架套筒要能够实现套筒的伸出,使顶针顶紧在工件上;尾架套筒要能够保持所在位置,使顶针在工件加工时能够处于稳定的位置上,尾架套筒要能够回缩,使顶针在加工结束后能够退出加工区,便于工件的取出。在套筒伸出时要能够自动识别顶针是否顶紧工件。在图 8.3 上尾架套筒支路是位于左边的第二条支路。当三位 4 通电磁换向阀 15 的左线圈 L4-Y1 得电时,压力油通过电磁换向阀的左位,经过单向减压阀 16、节流阀 17,通过液控单向阀 18 进入液压缸 2 的右腔,液压缸 20 左腔中的油经过电磁换向阀 15 流回油箱,这时缸杆左移,也就是套筒伸出。

在进油路上的压力继电器 19 和套筒行程极限开关构成了是否顶紧的识别系统,当仅有压力继电器发出 L4-B1 电信号时,表明顶针已顶紧工件;当压力继电器和左极限行程开关同时发出 L4-B1 和 L4-S1 电信号时,表明顶针没有顶紧工件,这时需要调整尾架在导轨上的位置。当电磁换向阀 15 的右线圈 L4-Y2 得电时,电磁换向阀工作在右位,压力油经过电磁换向阀 15 右位进入液压缸左腔,同时压力油使液控单向阀 18 打开,液压缸右腔中的压力油经单向阀 18、节流阀 17、单向减压阀 16 的单向阀和电磁换向阀 15 流回油箱,使得缸杆右移,实现套筒回缩。当缸杆右移到右极限位置时,压下极限行程开关 L4-S2,这表明尾架套筒已回缩到底部位置。

当电磁换向阀 15 两个线圈没有通电时,电磁换向阀 15 工作在中位。由于两个油口全部接回油口,液控单向阀关闭,使得液压缸右腔中的压力油既不能流入,也不能流出,使液压缸缸杆保持固定的位置,也就是尾架套筒处在保持位置状态。

（4）主轴变速支路

这是在图 8.3 上最右边的一条支路,由液压缸缸杆使主轴箱内变速齿轮左、右移动,变速齿轮与不同的齿轮啮合,实现主轴在高、低速区不同的转动。

（5）预留支路

其他两条油路是为机床增加其他液压驱动部件或附件而预留的液压支路,使机床在使用中可随时安装使用液压中心的刀架、液压回转刀架和自动送料机构等辅助部件。

5．H400 型卧式加工中心的气压传动系统

如图 8.4 所示为 H400 型卧式加工中心气压传动系统原理图。图中 a 与 a′是相连管路。该系统主要包括松刀汽缸和完成双工作台交换、工作台夹紧、鞍座锁紧、鞍座定位、工作台定位面吹气、刀库移动、主轴锥孔吹气等几个动作的气压传动支路。

H400 型卧式加工中心气压传动系统要求提供额定压力为 0.7 MPa 的压缩空气。压缩空气通过 ϕ8 mm 的管道连接到气压传动系统调压、过滤、油雾气压传动三联件 ST。经过气压传动三联件 ST 后,得以干燥、洁净并加入适当润滑用油雾,然后提供给后面的执行机构使用,从而保证整个气动系统的稳定安全运行,避免或减少执行部件、控制部件的磨损而使寿命降低。YK1 为压力开关,该元件在气压传动系统达到额定压力时发出电参量开关信号,通知机床气压传动系统正常工作。在该系统中为了减小载荷的变化对系统的工作稳定性的影响,在设计气压传动系统时均采用单向出口节流的方法调节汽缸的运行速度。

(1) 松刀汽缸支路

松刀汽缸是完成刀具的拉紧和松开的执行机构。为保证机床切削加工过程的稳定、安全、可靠,刀具拉紧拉力应大于 12 kN,抓刀、松刀动作时间在 2 s 以内。换刀时通过气压传动系统对刀柄与主轴间的 7:24 定位锥孔进行清理,使用高速气流清除结合面上的杂物。为达到这些要求,尽可能地使其结构紧凑、重量减轻,并且结构上要求工作缸直径不能大于 150 mm,因此采用复合双作用汽缸(额定压力 0.5 MPa)可达到设计要求。如图 8.5 所示为 H400 型卧式加工中心主轴气压传动结构图。图中 1、2 是感应开关,3 是吹气孔,4、5 是活塞,6 是缸体,7 是拉刀杆。

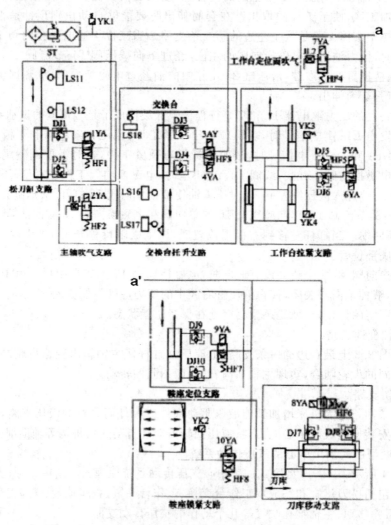

图 8.4　H400 型卧式加工中心气压传动系统原理图

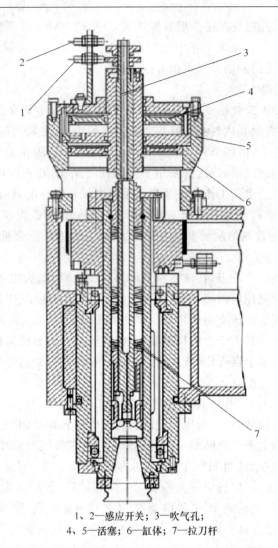

1、2—感应开关；3—吹气孔；
4、5—活塞；6—缸体；7—拉刀杆

图 8.5　H400 型卧式加工中心主轴气压传动结构图

（2）工作台交换支路

　　交换台是实现双工作台交换的关键部件。由于 H400 加工中心交换台提升载荷较大（达 12 kN），工作过程中冲击较大，设计上升、下降动作时间为 3 s，且交换台位置空间较大，故采用大直径汽缸（$D=350$ mm），6 mm 内径的气管，才能满足设计载荷和交换时间的要求。机床无工作台交换时，在两位双电控电磁阀 HF3 的控制下交换台托升缸处于下位，感应开关 LS17 有信号，工作台与托叉分离，工作台可以进行自由的运动。当进行自动或手动的双工作台交换时，数控系统通过 PMC 发出信号，使两位双电控电磁阀 HF3 的 3YA 得电，托升缸下腔通入高压气，活塞带动托叉连同工作台一起上升。当达到上下运动的上终点位置时，由接近开关 LS16 检测其位置信号，并通过变送扩展板传送到 CNC 的 PMC，控制交换台回转 180°开始动作，接近开关 LS18 检测到回转到位的信号，并通过变送扩展板传送到 CNC 的 PMC，控制 HF3 的 4YA 得电，托升缸上腔通入高压气体，活塞带动托叉连同工作台在重力和托升缸的共同作用下一起下降。当达到上下运动的下终点位置时由接近开关

LS17 检测其位置信号，并通过变送扩展板传送到 CNC 的 PMC，双工作台交换过程结束，机床可以进行下一步的操作。在该支路中采用 DJ3、DJ4 单向节流阀调节交换台上升和下降的速度，以避免较大的载荷冲击及对机械部件的损伤。

（3）工作台夹紧支路

由于 H400 型卧式加工中心要进行双工作台的交换，为了节约交换时间，保证交换的可靠，因此工作台与鞍座之间必须具有能够快速而可靠的定位、夹紧及迅速脱离的功能。可交换的工作台固定于鞍座上，由四个带定位锥的汽缸夹紧，以达到拉力大于 12 kN 的可靠工作要求。因受位置结构的限制，该汽缸采用了弹簧增力结构，在汽缸内径仅为 63 mm 的情况下就达到了设计拉力要求。工作台夹紧支路采用两位双电控电磁阀 HF4 进行控制，当双工作台交换将要进行或已经进行完毕时，数控系统通过 PMC 控制电磁阀 HF4，使线圈 5YA 或 6YA 得电，分别控制汽缸活塞的上升或下降，通过钢珠拉套机构放松或拉紧工作台上的拉钉，来完成鞍座与工作台之间的放松或夹紧动作。

为了避免活塞运动时的冲击，在该支路采用具有得电动作、失电不动作、双线圈同时得电不动作特点的两位双电控电磁阀 HF4 进行控制，可避免在动作进行过程中因突然断电而造成的机械部件冲击损伤。该支路还采用了单向节流阀 DJ5、DJ6 来调节夹紧的速度，以避免较大的冲击载荷。该位置由于受结构限制，用感应开关检测放松与拉紧信号较为困难，故采用可调工作点的压力继电器 YK3、YK4 检测压力信号，并以此信号作为汽缸到位信号。

（4）鞍座定位与锁紧支路

H400 型卧式加工中心工作台具有回转分度功能。与工作台连为一体的鞍座采用蜗轮-蜗杆机构使之可以进行回转，鞍座与床鞍之间具有相对回转运动，并分别采用插销和可以变形的薄壁汽缸实现床鞍和鞍座之间的定位与锁紧。当数控系统发出鞍座回转指令并做好相应的准备后，两位单电控电磁阀 HF7 得电，定位插销缸活塞向下带动定位销从定位孔中拔出，到达下运动极限位置后，由感应开关检测到位信号，通知数控系统可以进行鞍座与床鞍的放松，此时两位单电控电磁阀 HF8 得电动作，锁紧薄壁缸中高压气体放出，锁紧活塞弹性变形回复，使鞍座与床鞍分离。该位置由于受结构限制，检测放松与锁紧信号较困难，故采用可调工作点的压力继电器 YK2 来检测压力信号，并以此信号作为位置检测信号。

该信号送入数控系统，控制鞍座进行回转动作，鞍座在电动机、同步带、蜗杆-蜗轮机构的带动下进行回转运动，当达到预定位置时，由感应开关发出到位信号，停止转动，完成回转运动的初次定位。电磁阀 HF7 断电，插销缸下腔通入高压气，活塞带动插销向上运动，插入定位孔，进行回转运动的精确定位。定位销到位后，感应开关发信号通知锁紧缸锁紧，电磁阀 HF8 失电，锁紧缸充入高压气体，锁紧活塞变形，YK2 检测到压力达到预定值后，即是鞍座与床鞍夹紧完成。至此，整个鞍座回转动作完成。另外，在该定位支路中，DJ9、DJ10 是为避免插销冲击损坏而设置的调节上升、下降速度的单向节流阀。

（5）库移动支路

H400 型卧式加工中心采用盘式刀库，具有 10 个刀位。在加工中心进行自动换刀时，由汽缸驱动刀盘前后移动，与主轴的上下左右方向的运动进行配合来实现刀具的装卸，并要求运行过程稳定、无冲击。在换刀时，当主轴到达相应位置后，通过对电磁阀 HF6 得电和失电使刀盘前后移动，到达两端的极限位置，并由位置开关感应到位信号，与主轴运动、刀盘回转运动协调配合完成换刀动作。其中 HF6 断电时，远离主轴的刀库部件回原位。DJ7、DJ8

是为避免装刀和卸刀时产生冲击而设置的单向节流阀。

该气压传动系统中,在交换台支路和工作台拉紧支路采用两位双电控电磁阀(HF3、HF4),以避免在动作进行过程中因突然断电而造成的机械部件的冲击损伤。系统中所有的控制阀完全采用板式集装阀连接,这种连接方式结构紧凑,易于控制、维护,便于故障点的检测。为避免气流放出时所产生的噪声,在各支路的放气口均加装了消声器。

6. 液压与气压系统的点检

(1)液压系统的点检

各液压阀、液压缸及管子接头处是否有外漏。

液压泵或液压马达运转时是否有异常噪声等现象。

液压缸移动时工作是否正常平稳。

液压系统的各测压点压力是否在规定的范围内,压力是否稳定。

油液的温度是否在允许的范围内。

液压系统工作时有无高频振动。

电气控制或撞块(凸轮)控制的换向阀的工作是否灵敏可靠。

油箱内的油量是否在油标刻线范围内。

行程开关或限位挡块的位置是否有变动。

液压系统手动或自动工作循环时是否有异常现象。

定期对油箱内的油液进行取样化验,检查油液质量,定期过滤或更换油液。保持油液清洁,是确保液压系统正常工作的重要措施。据统计,液压系统的故障有 80% 是由油液污染引发的,油液污染还会加速液压元件的磨损。

定期检查蓄能器的工作性能。

定期检查冷却器和加热器的工作性能。

定期检查和紧固重要部位的螺钉、螺母、接头和法兰螺钉。

定期检查或更换密封件。

定期检查清洗或更换液压件。

定期检查清洗或更换滤芯。

定期检查清洗油箱和管道。

(2)气压系统的点检与定检

管路系统的点检。管路系统点检的主要内容是对冷凝水和润滑油的管理。冷凝水的排放,一般应当在气压传动装置运行之前进行。但是当夜间温度低于 $0\,^{\circ}\mathrm{C}$ 时,为防止冷凝水冻结,气压传动装置运行结束后,就应开启放水阀门将冷凝水排出。补充润滑油时,要检查油雾器中油的质量和滴油量是否符合要求。此外,点检还应包括检查供气压力是否正常,有无漏气现象等。

气压传动元件的定检。气压传动元件定检的主要内容是彻底处理系统的漏气现象。例如更换密封元件、处理管接头或连接螺钉松动等,定期检验测量仪表、安全阀和压力继电器等。

8.2.2 排屑机构

排屑器主要用于收集和输送各种卷状、团状、块状切屑,以及铜屑、铝屑、不锈钢屑、碳块、尼龙等材料。排屑器广泛应用于各类数控机床加工中心、组合机床和柔性生产线;也可作为冲压、冷墩机床小型零件的输送装置;应用到卫生、食品生产输送上起到改善操作环境、减轻劳动强度、提高整机自动化程度的作用。

1. 链板式排屑机

如图 8.6(a)所示是链板式排屑机结构示意图。它的产品性能、特点如下:

- 可处理各类切屑,也可作为冲压,冷墩机床小型零件的输送装置;
- 输送效率高,输送速度选择范围大;
- 链板宽度多样化,结构形式分为无缝链板和有缝链板两种;
- 流线造型,美观大方,排屑顺畅;
- 具有过载保护功能。

链板式排屑机广泛应用于数控机床、组合机床、加工中心、专业化机床和自动生产线的远距离的切屑输送等场合。

2. 刮板式排屑机

如图 8.6(b)所示是刮板式排屑机结构示意图。刮板式排屑机体积小、效能高,是铜、铝、铸铁等碎屑除送的最适合机型。刮板宽度多元化,提供了绝佳的搭配弹性及有效的应用。坚固的刮板组合,强度高、配合精准、动作稳定安静,扭力限制设定,有效降低了操作不当所造成的损害。

3. 螺旋式排屑机

如图 8.6(c)所示是螺旋式排屑机结构示意图。螺旋式排屑机主要用于机械加工过程中金属、非金属材料所切割下来的颗粒状、粉状、块状及卷状切屑的输送。可用于数控车床、加工中心或其他机床安放空间比较狭窄的地方。与其他排屑装置联合使用,可组成不同结构形式的排屑系统。螺旋式排屑机分有芯和无芯两种,它一般与其他类型的排屑机配合,将从防护罩或工作台收集来的铁屑输送到排屑机进屑口,再由排屑机输送到收集车上。螺旋式排屑机也可以安装喇叭,直接将废屑从喇叭口排到机集屑车上。螺旋式排屑机安装方便,工作可靠,推进速度可按用户要求,一般分三种类型:A 型,有芯推进,有输送槽;B 型,有芯推进,无输送槽;C 型,无芯推进(≤3 000 mm)。

4. 磁性排屑机

磁性排屑机是利用永磁材料所产生的强磁场的磁力,将切屑吸附在排屑机的工作磁板上,或将油、乳化液中的颗粒状、粉状及长度小于等于 150 mm 的铁屑吸附分离出来,输送到指定的排屑地点或集屑箱中。可处理粉状、颗粒状及长度小于 100 mm 的铁屑及非卷屑,或将油、乳化液中的碎屑分离,输送至指定的排屑箱中。磁性排屑机针对短卷屑设计,适用于金属铁屑、细铁屑、铸件铁屑,可广泛应用于加工中心、组合机床、铣床、钻床、拉床、自动车床、齿轮加工机床等机械加工设备和自动线的铁屑运输及湿式加工冷却液中的铁屑处理,从而净化了冷却液。还可作为导磁小零件的输送器和提升器,是现代机械加工行业中理想的配套设备。

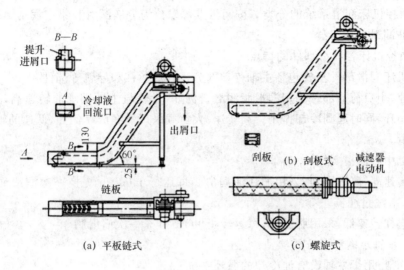

图 8.6　排屑装置

磁性排屑机产品特点：
- 定量排屑，不产生过载；
- 工作可靠，运转平稳，噪音低，寿命长；
- 采用自动张紧机构，自动调整整链条松紧度。

如图 8.7 所示分别是四种排屑机外形图(a 是链板式，b 是刮板式，c 是磁性，d 是螺旋式)。

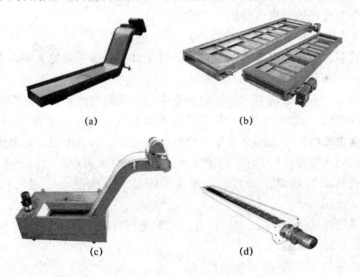

图 8.7　排屑机外形图

8.2.3　润滑与冷却系统

1. 数控机床的润滑系统

（1）数控机床润滑系统的作用：减小摩擦、减小磨损、降低温度、防止锈蚀、形成密封。

（2）数控机床润滑系统的分类。按润滑点可以分为分散润滑和集中润滑。按润滑介质可以分为油润滑和脂润滑。

（3）数控机床各润滑部件的特点

数控机床润滑部件主要包括主轴传动部分、轴承、丝杠和导轨等部件。

低转速、小负荷的部件采用润滑脂润滑。例如，齿轮与主轴轴承的转速高，一般采用润滑油强制循环，同时起到冷却作用。高转速、大负载采用油润滑。例如，低速的轴承、丝杠和导轨的润滑。

某加工中心润滑实例：

主轴转速高、温升剧烈，采用循环油润滑。每运行 1 000 h 更换一次润滑油，主轴每运转 2 000 h 清洗过滤器。

导轨丝杠转速低，采用脂润滑，每运转 1 000 h 补充一次润滑脂。

（4）主轴轴承的润滑方式

油脂润滑：用于主轴没有油冷却的循环系统。

油液润滑：液体润滑油的润滑系统。

油雾润滑：将油雾化，吸热性好，但有污染。

油气润滑：微量油润滑轴承，抑制轴承发热。

2. 数控机床的冷却系统

冷却系统用于数控机床的冷却和温度控制。数控机床的冷却包括两大部分的冷却：对机床自身的冷却和对刀具与工件的冷却。数控机床的加工精度日益提高，更要求零件和机床自身保证在一个允许的温度范围内。

（1）机床自身的冷却

主轴箱及其部件的冷却是影响加工精度的机床自身冷却方面的主要因素。主轴箱一般采用循环油方式，起到润滑和冷却的作用。

高速加工越来越多地采用电主轴。电主轴中电动机的发热和轴承的摩擦发热是不可避免的，由此引起的热变形如果处理不当，会严重地降低机床的加工精度，并直接限制电主轴转速的提高。电主轴的热量大部分产生于通电后的定子。高速电主轴的常用冷却方法是循环水冷。主轴内通入冷却液，用循环冷却液体吸收和及时地带走电动机产生的热量，保持高速电主轴单元壳体均匀的温度分布。冷却液的流量可由主电动机的发热量进行计算来决定。

电气系统采用散热片、风扇或制冷措施（空调）进行冷却。

（2）工件和刀具的冷却

一般采用循环的水或高压空气进行冷却。

8.3 项目检测

填空题

1. 液压与气压传动是以（   ）中的受压工作介质来传递动力和运动的。

2. 动力装置是指将原动机的机械能转换成传动介质压力能的装置。常见的动力装置有液压泵、（　　　）等。

3. 液压泵是系统的动力元件，它是一种能量转换装置，将原动机的机械能转换成液压力能，为液压系统提供动力，是液压系统的重要组成部分。常见的类型有齿轮泵、（　　　）泵和（　　　）泵等。

4. （　　　）是气压传动系统的动力源，也是系统的心脏部分，是把电动机输出的机械能转换成传动介质压力能的能量转换装置。

5. 执行装置用于连接工作部件，将工作介质的压力能转换为工作部件的机械能，常见的有进行直线运动的动力缸（包括液压缸和气缸）和进行回转运动的液压马达、（　　　）马达。

6. （　　　）是液压系统中的执行元件，它是一种把液体的压力能转变为直线往复运动机械能的装置。

7. （　　　）属液压执行元件，它将输入液体的压力能转换成机械能，以扭矩和转速的形式输送到执行机构做功，输出的是旋转运动。

8. 液压马达按其结构类型可分为齿轮式、（　　　）式、柱塞式和其他形式。

9. 控制与调节装置是指用于控制、调节系统中工作介质的压力、流量和流动（　　　），从而控制执行元件的作用力、运动速度和运动方向的装置，同时也可以用来卸载、实现过载保护等。

10. 常用的压力控制阀有溢流阀、（　　　）阀、顺序阀等。

11. （　　　）阀是通过改变阀口的通流面积来改变流量从而调节执行元件速度的控制阀。

12. 卡盘要通过（　　　）的抓紧和放松动作来实现对工件的夹紧与放松。

13. 工件和刀具的冷却一般采用循环的（　　　）或高压（　　　）进行冷却。

选择题

1. 液压马达按其结构类型可分为（　　　）。

A. 齿轮式　　　　　　B. 叶片式　　　　　　C. 柱塞式　　　　　　D. 以上都是

2. 下面那个是液压泵的符号（　　　）。

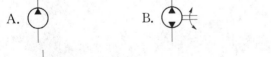

A.　　　　　　　　B.　　　　　　　　C.　　　　　　　　D.

3. 符号代表（　　　）。

A. 减压阀　　　　　　B. 溢流阀　　　　　　C. 顺序阀　　　　　　D. 以上都不是

4. 液压装置常用于（　　　）型数控机床。

A. 大、中　　　　　　B. 中、小　　　　　　C. 小　　　　　　D. 大

5. 磁性排屑机产品特点下列说法错误的是（　　　）。

A. 定量排屑，不产生过载

B. 工作可靠，运转平稳，无噪声，寿命长

C. 采用自动张紧机构，自动调整整链条松紧度

项目 9 数控机床安装与使用

9.1 项目任务

【学习任务】

1. 了解数控机床的选型、安装、验收注意事项。
2. 理解数控机床的常用数控指令及格式。
3. 学会使用数控车加工一般轴类零件。
4. 学会数控铣加工一般轮廓零件。
5. 掌握数控机床的操作方法。

【学习重点与难点】

重点:数控机床的常用数控指令及格式,数控机床的操作方法。

难点:数控机床的常用数控指令及格式。

9.2 项目内容

9.2.1 数控机床的选型

数控机床的种类繁多,不同的用户因不同的加工类型,而对选择数控机床的侧重点也会有很大的不同,但是最基本的愿望就是希望所选择的数控机床能够满足自己的使用要求。如:对加工对象的适应性、加工范围、生产批量、机床和系统的稳定性等。

1. 按加工工艺与范围选择数控机床

数控机床只有在一定的工作条件下加工一定的工件,才能达到最好的加工效果。同类型的数控机床往往具有很不一样的使用性能和使用效果,因此在确定购买对象之前,应该首先确定被加工对象类型。

(1)对回转体类(盘、套、轴、法兰)工件,直径 Φ600 mm 以下,可选用卧式数控车床。

（2）对回转体类（盘、套、轴、法兰）工件，直径 Φ600 mm 以上，可选用立式数控车床。

（3）对复杂回转体类（盘、套、轴、法兰）工件，含定向型面加工，孔加工，可选用卧式全功能数控车床或车削中心。

（4）对简单箱体类、异形类、型腔模具工件，如果加工余量大（粗加工），而且以型面加工为主，一般选用数控铣床。

（5）对箱体类、异形类、型腔模具工件，如果加工余量小（精加工），而且以单面孔系加工为主，工序集中的，一般选用立式加工中心。

（6）对箱体类、异形类、型腔模具工件，如果加工余量小（精加工），而且以多面孔系加工为主，工序集中且复杂的，一般选用卧式加工中心。

（7）对一些要求多轴联动加工要求，如四轴、五轴联动加工，必须对相应配套的编程软件、测量手段等有全面考虑和安排。

在满足产品加工工艺要求的前提下，选择简单的机型会更好。

2. 按机床主要规格选择数控机床

数控机床规格的选择，一般依据被加工零件的尺寸规格来确定。数控机床的主要规格包括工作台尺寸、各坐标轴的有效行程范围以及主轴电机的额定功率。表 9.1 是某机型主要规格参数。

表 9.1　某加工中心主要规格参数

项目	机型：DMC-2600SH＋5A（G30 两轴头）
左右行程（X 轴）	2 600 mm
前后行程（Y 轴）	1 778 mm
上下行程（Z 轴）	800 mm
C 轴转动行程	200 度
A 轴转动行程	95 度
主轴鼻端至工作台距离	150～950 mm
主轴锥度	HSK A100
主轴速度	50～8 000/10 000 rpm（opt.）
主轴马达	40 kw（S6）/30 kw（S1）
快速移动	12-12-10 m/min
切削进给率	1～10 000 mm/min
工作台工作范围	2 700 mm×1 500 mm
工作台载荷	10 000 kg
机器净重	40 200 kg
占地面积	7 530 mm×5 250 mm×5 050 mm

3. 按数控机床精度选择数控机床

数控机床精度等级的选择取决于被加工零件关键部位的加工精度要求。

加工中心根据精度等级的不同，可分为普通型和精密型。普通型数控机床可批量加工 IT8 级精度的工件，精密型数控机床的加工精度可以达到 IT6 级精度，但是精密型数控机床对使用环境的要求比较严格。表9.2是加工中心精度主要项目。

表 9.2　加工中心精度主要项目

精度项目	普通型	精密型
单轴定位精度 /mm	±0.01/300 或全长	0.005/全长
单轴重复定位精度 /mm	±0.006	±0.003
铣圆精度 /mm	0.03 ~ 0.04	0.02

定位精度和重复定位精度综合反映了该轴各运动部件的综合精度。单轴定位精度是指在该轴行程内任意一个点定位时的误差范围,它直接反映了机床的加工精度能力,而重复定位精度则反映了该轴在行程内任意定位点的定位稳定性,这是衡量该轴是否能够稳定可靠地工作的基本指标。以上两个指标中,重复定位精度尤为重要。

9.2.2　数控机床的安装、维护

数控机床的安装是指机床到用户后安装到工作场地、直到正常工作这一阶段的工作。广义的数控机床安装也包括调试与验收,安装与调试也直接关系到数控机床投入使用后所能实现的技术性能指标和使用功能水准。

1. 机床安装、试车

数控机床安装分为:安装前的基础准备和初就位、机床部件的安装、数控系统的安装。

基础准备包括打地基、浇筑混凝土等,初定位包括调水平、固定地脚等。

安装完成后,通电试车。通电试车前要进行外观检查,包括如下项目:

• 机床电器检查。打开机床电控箱,检查继电器、接触器、熔断器、伺服电机速度控制单元插座、主轴电机速度控制单元插座等有无松动,如有松动应恢复正常状态,有锁紧机构的接插件一定要锁紧,有转接盒的机床一定要检查转接盒上的插座、接线有无松动。

• CNC 电箱检查。打开 CNC 电箱门,检查各类接口插座、伺服电机反馈线插座、主轴脉冲发生器插座、手摇脉冲发生器插座、CRT 插座等,如有松动要重新插好,有锁紧机构的一定要锁紧。按照说明书检查各个印刷线路板上的短路端子的设置情况,一定要符合机床生产厂设定的状态,确实有误的应重新设置,一般情况下无须重新设置,但用户一定要对短路端子的设置状态作好原始记录。

• 接线质量检查。检查所有的接线端子,包括强弱电部分在装配时机床生产厂自行接线的端子及各电机电源线的接线端子,每个端子都要用旋具紧固一次,直到用旋具拧不动为止,各电机插座一定要拧紧。

• 电磁阀检查。所有电磁阀都要用手推动数次,以防止长时间不通电造成的动作不良,如发现异常,应作好记录,以备通电后确认修理或更换。

• 限位开关检查。检查所有限位开关动作的灵活及固定性是否牢固,发现动作不良或固定不牢的应立即处理。

• 按钮及开关检查。操作面板上按钮及开关检查,检查操作面板上所有按钮、开关、指示灯的接线,发现有误应立即处理,检查 CRT 单元上的插座及接线。

• 地线检查。要求有良好的地线,测量机床地线,接地电阻不能大于 1 Ω。

• 电源相序检查。用相序表检查输入电源的相序,确认输入电源的相序与机床上各处标定的电源相序应绝对一致。

数控机床在安装调试工作完成之后,数控机床应在一定负载或空载下进行较长一段时间的自动运行检验。按照相关规定,数控车床为连续运转 16 h,加工中心为连续运转 32 h,目的是全面检查机床性能及工作的可靠性。在自动运行期间,不应发生任何故障。

试车的考机程序除了应该包括常用的各种指令、功能外,还应注意以下几点:

① 一般自动加工所用的一些功能和代码要尽量用到;

② 自动换刀应至少交换刀库中 2/3 以上的刀号,而且取用刀柄的重量应接近规定重量;

③ 各坐标轴的移动速度要包括高、中、低三种速度,移动范围要接近全程;

④ 对选择性功能要进行测试,如测量功能、APC 交换功能和用户宏程序等;

⑤ 在试运行时间内,除操作失误引起的故障以外,不允许机床有故障出现,否则表明机床安装调试存在问题。

2. 数控机床的检测验收

数控机床的检测验收是一项复杂的工作。它包括对机床的机、电、液和整机综合性能及单项性能的检测,另外还需对机床进行刚度和热变形等一系列试验,检测手段和技术要求高,需要使用各种高精度仪器。

(1) 机床部件的检测

检测部件主要包括:主轴系统性能,进给系统性能,自动换刀系统性能,机床噪音,电气装置,数控装置,润滑装置,气、液装置,附属装置,安全装置等。

(2) 机床几何精度的检测

几何精度检验又称静态精度检验,综合反映了该机床各关键零部件的精度及其装配的质量与精度,是数控机床验收的主要依据之一。数控机床的几何精度能够综合反映该设备的关键零部件和组装后的综合几何形状误差。

检测项目主要包括:X、Y、Z 坐标轴的相互垂直度,工作台面的平面度,X、Z 轴移动时工作台面的平行度,主轴回转轴线对工作台面的平行度,主轴在 Z 轴方向移动的直线度,X 轴移动时工作台面边界与定位基准面的平行度,主轴的轴向窜动及径向跳动,回转工作台精度。

(3) 机床定位精度的检测

数控机床定位精度的主要检测内容如下:

• 直线运动定位精度(包括:X 轴、Y 轴、Z 轴、U 轴、V 轴、W 轴);

• 直线运动重复定位精度;

• 直线运动的机械原点返回精度;

• 直线运动的失动量的测定;

• 回转轴运动的定位精度(包括:A 轴、B 轴、C 轴);

• 回转轴运动的重复定位精度;

• 回转原点的返回精度;

• 回转轴运动的失动量的测定。

直线运动定位精度的检测一般都在机床和工作台空载条件下进行。对机床所测的每个坐标在全行程内,视机床规格,分每 20 mm、50 mm 或 100 mm 间距正向和反向快速移动定位,在每个位置上测出实际移动距离和理论移动距离之差。常用检测方法如图 9.1 所示。

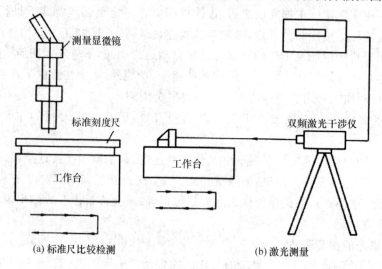

图 9.1　直线运动定位精度的检测

（4）数控系统的检测

包括如下内容:控制轴数与联动轴数,准备功能指令方面,辅助功能指令方面,CRT 显示功能方面,通信和通信协议方面,机械误差补偿功能等。

3. 数控机床的日常维护与保养

数控机床是一种高精度、高效益、高价值的设备,在使用过程中难免会出现损坏或故障,如何尽可能地长时间保持其良好的技术状态,延缓劣化进程,及时发现和消灭故障隐患,从而提高数控机床的平均无故障工作时间和使用寿命,及时做好数控设备的日常维护和保养工作就是非常重要的一个方面。

数控机床的日常维护和保养事项如表 9.3 所示。

表 9.3　数控机床的日常维护和保养事项

序号	检查周期	检查部位	检查要求
01	每天	导轨润滑油箱	检查油量,及时添加润滑油,润滑泵是否定时气动打油及停止
02	每天	主轴润滑恒温油箱	工作正常,油量是否充足,温度范围是否合适
03	每天	机床液压系统	油箱油泵有无异常噪声,工作油面是否合适,压力表指示是否正常,管路及各接头有无泄漏
04	每天	压缩空气气源压力	气动控制系统压力是否在正常范围之内
05	每天	气源自动分水滤气器,自动空气干燥器	及时清理分水器中滤出的水分,保证自动空气干燥器工作正常
06	每天	气液转换器和增压器油面	油量不够时要及时补足
07	每天	X、Y、Z 轴导轨面	清除切削和赃物,检查导轨面有无划伤损坏,润滑油是否充足

序号	检查周期	检查部位	检查要求
08	每天	液压平衡系统	平衡压力指示正常，快速移动时平衡阀工作正常
09	每天	CNC 输入/输出装置	网络插口是否清洁，各插口防护罩是否完备
10	每天	各防护装置	导轨、机床防护罩等是否齐全有效
11	每天	电气柜各散热通风装置	各电气柜中散热风扇是否工作正常，风道过滤网有无堵塞，及时清洗过滤器
12	每周	各电器柜过滤网	清洗黏附的尘土
13	不定期	冷却油箱，水箱	随时检查液面高度，及时添加油（或水），太脏时需要更换清洗油箱（水箱）和过滤器
14	不定期	废油池	及时取走存积的废油，避免溢出
15	不定期	排屑器	经常清理切屑，检查有无卡住等现象
16	半年	检查主轴驱动皮带	按机床说明书要求调整皮带的松紧程度
17	半年	各导轨上镶条，压紧滚轮	按机床说明书要求调整松紧状态
18	一年	检查或更换直流伺服电动机碳刷	检查换向器表面，去除毛刺，吹净碳粉，及时更换磨损过短的碳刷
19	一年	液压油路	清洗溢流阀、减压阀、滤油器、油箱、过滤或更换液压油
20	一年	润滑油泵，过滤器	清洗润滑油池
21	一年	主轴润滑恒温油箱	清洗过滤器，油箱，更换润滑油

9.2.3　常用数控指令及格式

1. 数控加工程序的结构

每种数控系统，根据系统本身的特点及编程的需要，都有一定的程序格式。对于不同的机床，其程序格式也不尽相同。因此，编程人员必须严格按照机床说明书的规定格式进行编程。

一个完整的程序由程序号、程序的内容和程序结束三部分组成，例如：

％1000　　　　　　　　　　　　　　　　　　｝程序号

N01　G91　G00　X50　Y60；

N10　G01　X100　Y500　F150　S300　M03；　　｝程序内容

N……

N200　M02；　　　　　　　　　　　　　　　｝程序结束

（1）程序号

在程序的开头要有程序号，说明该零件加工程序开始。程序号由地址码和四位编号数字组成。例如 HNC—21T（华中数控系统），采用"％"为地址码后加四位数字表示，它的前面不允许有空行、空格。有的系统则采用"P"或"O"等。

（2）程序段结束符

写在每一行程序段末尾，表示程序段结束。当用 EIA 标准代码时，结束符为"CR"，用

ISO 标准代码时为"NL"或"LF"。书面和显示的表达式有的用";",有的用" * ",也有的没有书面(显示)表示符号(空白)。

2. 指令介绍

(1) G 指令

G00—快速定位:

格式:G00 X(U)___Z(W)___

G01—直线插补:

格式:G01 X(U)___Z(W)___F___(mm/min)

G02—逆圆插补:

格式:G02 X(u)___Z(w)___I___K___F___

G03—顺圆插补。

G04—定时暂停:

格式:G04___F___或 G04___K___

(2) F 指令:进给量指令

指令格式 F___

指令功能 F 表示进给地址符。

指令说明 F 表示主轴每转进给量,单位为 mm/r;也可以表示进给速度,单位为 mm/min。其量纲通过 G 指令设定。

(3) S 指令:主轴转速指令

指令格式 S___

指令功能 S 表示主轴转速地址符。

指令说明 S 表示主轴转速,单位为 r/min;也可以表示切削速度,单位为 m/min。其量纲通过 G 指令设定。

(4) T 指令:刀具号指令

指令格式 T___

指令功能 T 表示刀具地址符,前两位数表示刀具号,后两位数表示刀具补偿号。通过刀具补偿号调用刀具数据库内刀具补偿参数。

(5) M 指令:辅助功能指令

如表 9.4 所示是大多数机床常用 M 代码表。

表 9.4 常用 M 代码表

代码	模态	功能说明	代码	模态	功能说明
M02	非模态	程序结束	M03	模态	主轴正转起动
M30	非模态	程序结束并返回程序起点	M04	模态	主轴反转起动
M98	非模态	调用子程序	M05◆	模态	主轴停止转动
M99	非模态	子程序结束	M07	模态	切削液打开
M06	非模态	换刀	M09◆	模态	切削液停止

M 功能有非模态 M 功能和模态 M 功能两种形式:非模态 M 功能(当段有效代码),在书写了该代码的程序段中有效;模态 M 功能(续效代码);一组可相互注销的 M 功能,这些

功能在被同一组的另一个功能注销前一直有效。

模态 M 功能组中包含缺省功能(如表 9.4 所示,◆标记者为缺省值),系统上电时,将被初始化为该功能。

另外,M 功能还可以分为前作用 M 功能和后作用 M 功能两类:前作用 M 功能在程序段中编制的轴运动之前执行;后作用 M 功能在程序段中编制的轴运动之后执行。

M 代码规定的功能对不同的机床制造厂来说是不完全相同的。可参考机床说明书。

模态与非模态功能也应用于 G 代码。G 代码中,使用组别把代码划分为组。定义移动的代码通常是"模态代码",像直线、圆弧和循环代码。反之,像原点返回代码就叫"非模态代码"。每一个代码都归属其各自的代码组。在"模态代码"里,当前的代码会被加载的同组代码替换。

9.2.4　数控车加工零件

本项目数控车采用配备 FANUC 0iT 数控系统的 CKA6140 数控车床。

1. 坐标系

数控加工中,对工件的加工是建立在一定的坐标系上进行的,数控机床坐标系分为机床坐标系和工件坐标系。

机床坐标系是以机床原点为坐标系原点建立起来的一个 Z 轴与 X 轴的直角坐标系,车床的机床原点定义为主轴旋转中心线与卡盘后端面的交点,如图 9.1 所示。机床原点在机床装配、调试时就已确定下来。

工件坐标系是以工件原点为坐标原点建立一个 Z 轴和 X 轴的直角坐标系,也称编程坐标系。工件原点一般是工件图样上存在的设计基准点,其主要尺寸是以此点为基准进行标注的。车床上,为方便建立工件坐标系,往往取工件右端面中心为工件坐标系原点。工件坐标系的 Z 轴与主轴轴线重合,X 轴随工件原点位置不同而不同。如图 9.2 所示。

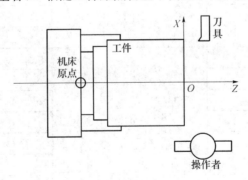

图 9.2　数控车床坐标系定义

2. 数控车床的编程特点

(1) 在程序段中,坐标值可以用绝对值或增量值,或二者混合编程。用坐标地址 X、Z 为绝对编程方式,使用坐标地址 U、W 时为增量编程方式。

(2) 数控车床的编程有直径、半径两种方法,直径编程是指 X 轴上的有关尺寸为直径值,半径编程是指 X 轴上的有关尺寸为半径值。采用直径编程比较方便,FANUC0i 数控机床是采用直径编程。

(3) 表 9.5 是 FANUC 0iT 系统中 G 代码表。

表 9.5　FANUC 0iT 系统中 G 代码表

G 代码	组别	解释
G00		定位(快速移动)
G01	01	直线切削
G02		顺时针切圆弧(CW,顺时针)
G03		逆时针切圆弧(CCW,逆时针)
G04	00	暂停(Dwell)
G09		停于精确的位置
G20	06	英制输入
G21		公制输入
G22	04	内部行程限位有效
G23		内部行程限位无效
G27		检查参考点返回
G28		参考点返回
G29	00	从参考点返回
G30		回到第二参考点
G32	01	切螺纹
G40		取消刀尖半径偏置
G41	07	刀尖半径偏置(左侧)
G42		刀尖半径偏置(右侧)
G50		工件坐标原点设置,最大主轴速度设置
G52	00	修改工件坐标;设置主轴最大的 RPM
G53		选择机床坐标系
G70		精加工循环
G71		内外径粗切循环
G72		台阶粗切循环
G73	00	成形重复循环
G74		Z 向步进钻削
G75		X 向切槽
G76		切螺纹循环

续 表

G 代码	组别	解释
G80		取消固定循环
G83		钻孔循环
G84		攻丝循环
G85	10	正面镗孔循环
G87		侧面钻孔循环
G88		侧面攻丝循环
G89		侧面镗孔循环
G90		（内外直径）切削循环
G92	01	切螺纹循环
G94		（台阶）切削循环
G96	12	恒线速度控制
G97		恒线速度控制取消
G98	05	每分钟进给率
G99		每转进给率

3. 加工实例

如图 9.3 所示是待车削工件图，加工外螺纹、锥、弧面、退刀槽等表面，并切断成成品。毛坯是 ϕ125 的棒料。设备：CKA6150，配 FANUC 0iT 系统。

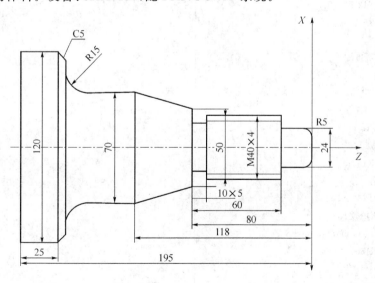

图 9.3　工件图

（1）工艺分析

① 采用工件的左端面和毛坯外圆作为定位基准，使用普通三爪卡盘夹紧工件，先车出右端面，并依此面的中心为原点建立工件坐标系。

② 确定数控加工刀具。根据零件的加工要求，选用外圆粗车刀、外圆精车刀、切槽刀、

螺纹刀各一把,刀具的编号依次为 T01,T02,T03,T04。

③ 制定零件的数控加工工艺。

A 车右端面(主轴转速 500 r/min,进给速度 0.15 mm/r);

B 自右向左粗车外轮廓(主轴转速 500 r/min,进给速度 0.15 mm/r);

C 自右向左精车外轮廓(主轴转速 1 000 r/min,进给速度 0.08 mm/r);

D 车螺纹(主轴转速 300 r/min,进给速度 4 mm/r);

E 切断,并保总长 19 mmm(主轴转速 500 r/min,进给速度 0.05 mm/r)。

(2)坐标数值计算

以工件右端面中心为工件坐标系原点,很容易求出各个节点的坐标。

(3)编制加工程序

程序如表 9.6 所示,本程序采用了外圆粗车循环 G71。

表 9.6　数控加工程序

程序	说明
O0001	程序名
N005 T0101;	外圆粗车刀
N010 S500 M03;	
N015 G00X130 Z2;	
N020 G71 U2 R1;	外圆粗车循环
N025 G71 P030 Q075 U0.2 W0 F0.15;	
N030 G00 G42 Z0;	精车循环由 N030-N075 指定
N035 G01 X12 F0.15;	
N040 X24 R5;	
N045 Z-20;	
N050 X40 Z-60;	
N055 X50;	
N060 X70 Z-118;	
N065 Z-165 R15;	
N070 X120 C5;	
N075 Z-195;	
N080 G00 X150;	
N085 Z150;	
N090 S1000 M03 T0202;	精车刀
N095 G00X130Z2;	
N100 G70 P030 Q075;	精加工
N105 G00X150;	
N110 Z150;	
N115 S300 M03 T0303;	切断刀切槽
N120 G00X60Z-80;	
N125 G01X30F0.05;	
N130 W3;	
N135 G00 X150;	
N140 Z150;	

程序	说明
N145 S300 M03 T0404;	螺纹刀
N150 G00X50Z-15;	
N155 G76P011060 Q80 R100;	切削螺纹,也可采用 G92 指令
N160 G76X34804 Z-80000 P2598 Q15000 F4.0;	
N165 G00 X150;	
N170 Z150;	切断刀切断
N175 S300 M03 T0303;	
N185 G00 X125 Z-202;	
N190 G01 X1 F0.05;	
N195 G00 X150 Z150;	
N200 M05;	
N205 M30;	程序结束

（4）操作机床加工零件

① 开机

启动机床电源开关——启动数控系统。

② 输入程序

用 MDI 面板创建程序：

按 EDIT 键,进入 EDIT 方式——按 PROG 键,进入程序输入界面——按地址键 O 并输入程序号。例如 输入 O0001——按 INSERT 键,程序号被输入。在屏幕上显示程序号 O0001——依次输入各程序段（每输入一个程序段后,按下程序段结束符“;”键 EOB,键入“;”后,再按 INPUT 键,此行输入完毕）,直到全部程序输入完成。如图 9.4 所示。

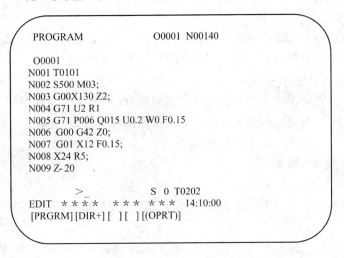

图 9.4　输入程序界面

可以进行程序编辑、删除等操作。

③ 刀具参数设置

包括建立新刀具、对刀和刀具参数设定等操作步骤。刀具参数设置也是建立刀具相应的工件坐标系的过程。这些操作前要把刀具和毛坯装夹好,把四把刀具分别装在相应的刀位上,并拧紧。

车床对刀和参数设定分 Z 轴和 X 轴两步。

Z 轴:在 MDI 方式下把 01 号刀具旋转到当前切削位置(MDI 方式—PROG—输入 T01—启动)→切换到 JOG 方式,手动进给方式用 01 号刀具平切出工件右端面→在 X 轴方向退回刀具,Z 轴不动并停止主轴→按 OFFSET SETING 和软键[OFFSET]显示刀具补偿画面。找到几何/形状补偿值画面→将光标移动 01 行、Z 值列→输入 Z_0,按软键 [MESURE]。则 01 号刀具就会按照工件右端面为 $Z=0$ 的工件坐标系运动。

X 轴:同上述前几个步骤,然后手动进给方式用 01 号刀具切出工件外圆→在 Z 轴方向退回刀具,X 轴不动并停止主轴→按 OFFSET SETING 和软键[OFFSET]显示刀具补偿画面。找到几何/形状补偿值画面→将光标移动 01 行、X 值列→用卡尺或千分尺测量外径值并输入 X(外径值),按软键[MESURE]。则 01 号刀具就会按照工件轴心为 $X=0$ 的工件坐标系运动。

按照同样操作步骤,设置 02、03、04 号刀具。和 01 号刀具不同的是,设置 Z 轴时,每把刀具试切削工件右端面时,不可切削过多,试切量控制在 0.005~0.02 mm,往往临近工件时,使用脉冲进给;设置 X 轴时,每把刀具试切削工件外圆,以接触上为宜,不要切削过多,以保证最后 04 号刀具试切后外径不小于 152 mm。因为 03 号刀具的刀位点在刀刃左边沿,04 号刀具刀位点在刀尖位置,因此输入 Z 值时要保证 03 号刀的左边沿、04 号刀的刀尖与工件右端面对齐。

④ 程序校验

按"自动运行"→"PROG",调出数控程序,并把光标打在程序行首→按"graph"键切换到图形显示界面→依次按下"校验"、"锁住机床"、"启动"键。观看加工图形是否符合加工要求。如需要修改,则修改程序后再校验。

⑤ 加工零件

按"自动运行"→"PROG",调出数控程序,并把光标打在程序行首→按"启动"键。则机床自动加工工件。此时"校验"、"锁住机床"键处于弹起状态。

⑥ 工件测量与关机

测量所加工工件的尺寸是否符合要求。关机顺序:把刀架手动运行到 X、Z 轴距离最大处(各 100 mm 处)→关闭数控系统电源→关闭机床电源→打扫机床。

9.2.5 数控铣加工零件

本项目数控铣加工零件采用配备华中 HNC-21M 数控系统的 ZJK7532 数控铣床。

1. 坐标系

ZJK7532 数控铣床是三坐标立式铣床,X、Y 轴分别是工作台的横向、纵向运动,Z 轴是主轴带动刀具沿着立柱的垂直运动。各轴的正方向符合右手笛卡尔坐标系的规定。

2. 数控铣床的编程特点

(1) 坐标值可以用绝对值或增量值,分别启用 G90 和 G91 指令,参看表 9.4。

(2) 使用软件编程时,要注意软件中坐标原点就是机床中的工件坐标系原点。软件中设置原点时要考虑到便于机床中设置原点。

（3）表 9.7 是 FANUC 0iT 系统中 G 代码表。

表 9.7　华中 HNC-21M 型数控系统 G 功能指令

G 代码	组	功能	后续地址字
G00		快速定位	X,Y,Z,4TH
G01	01	直线插补	X,Y,Z,4TH
G02		顺圆差补	X,Y,Z,I,J,K,R
G03		逆圆差补	X,Y,Z,I,J,K,R
G04	00	暂停	P
G09		准停校验	
G07	16	虚轴指定	X,Y,Z,4TH
G17		X(U)Y(V)平面选择	X,Y
G18	02	Z(W)X(U)平面选择	X,Z
G19		Y(V)X(U)平面选择	Y,Z
G20		英寸输入	
G21	08	毫米输入	
G22		脉冲当量	
G24	03	镜像开	X,Y,Z,4TH
G25		镜像关	
G28	00	返回到参考点	X,Y,Z,4TH
G29		由参考点返回	X,Y,Z,4TH
G40		刀具半径补偿取消	
G41	09	左刀补	D
G42		右刀补	D
G43		刀具长度正向补偿	H
G44	10	刀具长度负向补偿	H
G49		刀具长度补偿取消	
G50	04	缩放关	
G51		缩放开	X,Y,Z,P
G52	00	局部坐标系设定	X,Y,Z,4TH
G53		直接机床坐标系编程	
G54		工件坐标系 1 选择	
G55		工件坐标系 2 选择	
G56	11	工件坐标系 3 选择	
G57		工件坐标系 4 选择	
G58		工件坐标系 5 选择	
G59		工件坐标系 6 选择	

G 代码	组	功能	后续地址字
G60	00	单方向定位	X,Y,Z,4TH
G61	12	精确停止校验方式	
G64		连续方式	
G65	00	子程序调用	P,A~Z
G68	05	旋转变换	X,Y,Z,R
G69		旋转取消	
G73		深孔钻削循环	X,Y,Z,P,Q,R
G74		逆攻丝循环	X,Y,Z,P,Q,R
G76		精镗循环	X,Y,Z,P,Q,R
G80		固定循环取消	X,Y,Z,P,Q,R
G81		定心钻循环	X,Y,Z,P,Q,R
G82		钻孔循环	X,Y,Z,P,Q,R
G83	06	深孔钻循环	X,Y,Z,P,Q,R
G84		攻丝循环	X,Y,Z,P,Q,R
G85		镗孔循环	X,Y,Z,P,Q,R
G86		镗孔循环	X,Y,Z,P,Q,R
G87		反镗循环	X,Y,Z,P,Q,R
G88		镗孔循环	X,Y,Z,P,Q,R
G89		镗孔循环	X,Y,Z,P,Q,R
G90	13	绝对值编程	
G91		增量值编程	
G92	11	工件坐标系设定	X,Y,Z,4TH
G94	14	每分钟进给	
G95		每转进给	
G98	15	固定循环返回到起始点	
G99		固定循环返回到 R 点	

注：1. 4 TH 指的是 X、Y、Z 之外的第 4 轴,可用 A、B、C 等命名。

2. 00 组中的 G 代码是非模态的,其他组的 G 代码是模态的。

3. 标记者为缺省值。

3. 加工实例

如图 9.5 所示是待铣削工件图,完成零件上部平面轮廓和 4 组孔的铣削编程与加工。坯料尺寸 120×100×22 mm。设备:ZJK7532,配华中 HNC-21M 系统。

（1）工艺分析

① 采用工件的底面和侧面作为定位基准,使用精密平口钳夹紧工件。工件是中心对称图形,因此以上表面的中心为原点建立工件坐标系。

② 制订零件的数控加工工艺和刀具。工艺卡如表 9.8 所示,切削用量如表 9.9 所示。

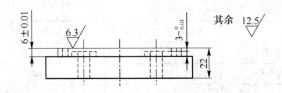

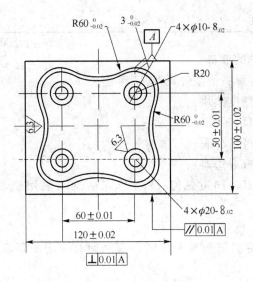

图 9.5　零件图

表 9.8　铣削工艺卡

序号	操作名称	内容	工艺装备	加工程序
1	装夹	装夹,对刀	数铣,对刀杆,塞尺(或寻边器)	—
2	铣削	外轮廓	数铣,16 立铣刀	00001
		铣削内部(3 mm 以上部分)	数铣,精密平口钳,16 键槽铣刀	00002
		铣削内部(3 mm 以下部分)	同上	00003
		铣削四圆柱	数铣,精密平口钳,6 键槽铣刀	00004
		铣削内轮廓	同上	00005
		铣削四个孔	数铣,精密平口钳,9.8 麻花钻	00006
		铰孔	数铣,精密平口钳,10 机用铰刀	00007
3	检验	检查所有尺寸及精度	检具	—

表 9.9　切削用量表

工序号		主轴转速 S(r/min)	进给速度 F(mm/min)	进刀量(min)
1	粗铣外轮廓	800	100	1.5
2	精铣外轮廓	1200	80	0.15
3	粗铣内轮廓	800	100	1.5
4	粗铣内轮廓	1200	60	0.15
5	铣中间多余部分	800	100	1.5

续　表

工序号		主轴转速 S(r/min)	进给速度 F(mm/min)	进刀量(min)
6	铣四凸台	800	100	1.5
7	精铣四凸台	1000	60	0.15
8	钻孔	400	30	—
9	绞孔	500	50	—

③ 工装夹具及刀具的准备

• 根据图纸及现有设备的条件,所需工具有:

• 精密平口钳、高精度垫块;

• 游标卡尺、深度尺、千分尺;

• 杠杆百分表、杠杆千分表;

• 对刀杆及塞尺(或寻边器);

• $\phi6$、$\phi16$ 键槽铣刀,$\phi16$ 立铣刀;$\phi9.8$ 麻花钻、$\phi10$ 机用铰刀;因为是手动换刀,无须编号。

④ 加工注意事项

在加工凸台时,要使加工面与平口钳台面之间有一定的距离,以上平面为基准,保持水平。

在编制凸台加工程序时,要避免在节点处进刀。要考虑到可能会影响加工表面的质量的问题。例如在加工外轮廓时,要沿着 $\phi40$ 圆弧切线方向进刀;铣圆柱也要切线进切线出。

在加工内型腔时,根据其轮廓尺寸,尽可能多地铣去多余部分。在本例中,先在四个圆柱中间铣"70×80"、"80×28"的交叉矩形。在编制铣内型腔的程序时,内型腔上半部分中多余部分(即把半径补偿值定的比实际刀具半径要大得多)。但要考虑补偿值的极限值,以防止干涉。比如:在本例中有一圆弧半径为 $\phi17$ mm。所以,它最大边只能放大到 17 mm,否则出现刀具干涉的现象。

在加工薄壁时,要选择合理的进给速度及主轴转速,要防止薄壁变形。在铣圆柱时采用镜像编程,以简化程序。

(2) 坐标数值计算

以工件中心为工件坐标系原点,计算各个节点的坐标,参看后边数控程序。

(3) 编制加工程序

程序如下所示。

① 铣削外轮廓

%0001

N010　G40　G49　G80

N020　G90　G54　G00　Z100

N030　M03　S800

N040　X0　Y0

N050　G41　X-50　Y-80　D01

N070　Z10

```
N080   G01   Z-6   F100
N090   Y-25
N100   G02   X-48.998   Y-18.75   R20
N110   G03   X-48.998   Y18.75    R60
N120   G02   X-22.5     Y43.54    R20
N130   G03   X22.5      Y43.54    R60
N140   G02   X48.998    Y18.75    R20
N150   G03   X48.998    Y-18.75   R60
N160   G02   X22.5      Y-43.54   R20
N170   G03   X-22.5     Y-43.54   R60
N180   G02   X-48.998   Y-18.75   R20
N180   G00   Z100
N190   G00   Y100
N200   M05
N210   M30
```

② 铣削内部 1

```
%0002
N010   G40   G49   G80
N020   G90   G00   G55   X0   Y0
N030   M03   S800
N040   X-32  Y27
N050   Z100
N060   Z10
N070   G01   Z1    F50
N080   M98   P0056 L6
N090   G90   G00   Z100
N100   M05
N110   M30
%0056
N010   G91   G01   Z-1.5   F50
N020   G90   X32   F100
N030   Y12
N040   X-32
N050   Y-3
N060   X32
N070   Y-18
N080   X-32
N090   Y-27
N100   X32
```

N110　G91　　G00　　Z1

N120　G90　　X-32　Y27

N130　M99

③ 铣削内部 2

%0003

N010　G40　　G80　　G49

N020　G90　　G00　　G55　X0　Y0

N030　M03　　S800

N040　X11　　Y-27

N050　Z100

N060　Z10

N070　G01　　Z1　　　F50

N080　M98　　P0057　L6

N090　G00　　G90　　Z100

N100　M05

N110　M30

%0057

N010　G91　　G01　　Z-1.5　　F50

N020　G90　　Y-6　　F100

N030　X32

N040　Y6

N050　X11

N060　Y27

N070　X-11

N080　Y6

N090X-32

N100　Y-6

N110　X-11

N120　Y-27

N130　X11

N140　X0

N150　Y27

N160　G91　　G00　　Z1

N170　G90　　X11　Y-27

N180　M99

④ 铣削四圆柱

%0004

N010　G40　　G49　　G80

N020　G00　　G90　　G56　X0　Y0

N030　M03　S800

N040　Z100

N050　Z10

N060　M98　P0058　L6

N070　G90　G00　Z100

N080　M05

N090　M30

%0058

N010　G91　Z-0.5

N020　M98　P0059

N030　G24　X0

N040　M98　P0059

N050　G25　X0

N060　G24　X0　Y0

N070　M98　P0059

N080　G25　X0　Y0

N090　G24　Y0

N100　M98　P0059

N110　G25　Y0

N120　M99

%0059

N010　G90　G41　X20　Y5　D01

N020　G91　G01　Z-10　F100

N030　G90　Y25

N040　G02　I10

N050　G01　Y30

N060　G91　G00　Z10

N070　G90　G40　X0　Y0

N080　M99

⑤ 铣削内轮廓

%0005

N010　G40　G49　G80

N020　G90　G00　G56　X0　Y0

N030　M03　S800

N040　G41　X10　Y26.162　D01(X20　Y16.162)

N050　Z100

N060　Z10

N070　G01　Z-6　F100

N080　G03　X0　Y36.162　R10(X0　Y26.162　R20)

N090　G02　X-23.625　Y40.760　R63

N100　G03　X-46.149　Y19.688　R17

N110　G02　Y-19.688　R63

N120　G03　X-23.625　Y-40.76　R17

N130　G02　X23.625　R63

N140　G03　X40.149　Y-19.688　R17

N150　G02　Y19.688　R63

N160　G03　X23.625　Y40.76　R17

N170　G02　X0　Y36.162　R63

N180　G03　X-10　Y26.162　R10(X-20 Y16.162 R20)

N190　G00　G49　Z100

N200　G40　Y100

N210　M05

N220　M30

⑥ 钻削 4 个孔

%0006

N010　G40　G80　G49

N020　G90　G00　G57　X0　Y0

N030　Z100

N040　M03　S300

N050　G99　G73　X30　Y25　Z-25　R5　Q-2　K0.5　F30

N060　Y-25

N070　X-30

N080　G98　Y25

N090　G80　Y100

N100　M05

N110　M30

⑦ 绞孔

%0007

N010　G40　G80　G49

N020　G90　G00　G58 X0 Y0

N030　Z100

N040　M03　S300

N050　G98G81　X30　Y25　Z-25　R5　F50

N060　Y-25

N070　X-30

N080　Y25

N090　G80　Y100

N100　M05

N110　M30

（4）操作机床加工零件

① 开机

启动机床电源开关，数控系统会自动启动。

返回机床参考点，如果数控系统显示的当前工作方式不是回零方式，则按压控制面板上面的"回零"按键，确保数控系统处于"回零"方式。

根据 X 轴机床参数"回参考点方向"，按压"＋X"（"回参考点方向"为"＋"）或"－X"（"回参考点方向"为"－"）按键，X 轴回到参考点后，"＋X"或"－X"按键内的指示灯亮。

用同样的方法使用"＋Y"、"－Y"、"＋Z"、"－Z"、"＋4TH"、"－4TH"按键，可以使 Y 轴、Z 轴、4TH 轴回参考点。

当所有轴回参考点后，即建立了机床坐标系。此时，操作者可正确地控制机床自动或 MDI 运行。

注意

回参考点时应确保安全，注意在机床运行方向上不会发生碰撞。铣床一般应先选择 Z 轴回参考点，否则刀架可能与尾座发生碰撞。

使用多个相容（"＋X"与"－X"不相容，其余类同）的轴向选择按键，可一次性使多个坐标轴同时返回参考点，但建议各坐标轴逐一返回参考点。

在回参考点前，应确保回零轴位于参考点的"回参考点方向"相反侧（加 X 轴的回参考点方向为负，则回参考点前，应保证 X 轴当前位置在参考点的正向侧）；否则应手动移动该轴直到满足此条件。

在回参考点过程中，若出现超程，请按住控制面板上的"超程解除"按键，采用手动方式向相反方向移动该轴使其退出超程状态。

② 输入程序

用 MDI 面板创建程序。

在华中世纪星的操作界面中，新建一个文件进行编辑的操作步骤如下：

进入"新建程序"菜单，数控系统提示"输入新建文件名"，光标在"输入新建文件名"栏闪烁，输入文件名（如％0001）后，按"Enter"键确认后，光标进入程序编辑区，就可编辑新建文件了。

提示：任何一个程序，其文件名必须以字母"％"加上后面若干位数字、字母或符号构成。

输入程序后按"保存"，必须有"保存成功"的提示后，保存才能生效。

③ 装夹毛坯、对刀、建立坐标系

手动装夹工件。

装夹后使用一标准 $\phi10$ 的对刀杆对刀。先移动 Z 轴及 X、Y 轴，让对刀杆与工件的左侧留有一段间隙（略大于 1 mm），然后找 1 mm 的塞尺放进去，手动调整 X 轴，直到松紧合适为止，记下此时机床坐标系下的 X 的坐标值 X_1。再移动 Z、X 轴到工件的右侧，用同样的方法记下机床坐标值 X_2。用同样的方法记下 Y_1、Y_2。也可以采用立铣刀具代替对刀杆试切、记录数值。

使用 G54～G58 等设定工件坐标系。工件坐标系 X、Y 轴原点在机械坐标系下的值为 $X_0＝(X_1＋X_2)/2$，$Y_0＝(Y_1＋Y_2)/2$，输入 X_0、Y_0 到 G54～G58 坐标系即可。

安装上 φ16 立铣刀，试切工件上表面，记下 Z 值。把 Z 值输入 G54。

φ16 立铣刀加工完后，换装 φ16 键槽铣刀进行加工时，试切工件上表面，记下 Z 值。把 Z 值输入到 G55。后边几把刀具都类似操作，建立 Z 轴原点。

也可以使用 G92 建立工件坐标系。使用 G92 可通过设置当前点（对刀点）在工件坐标系中的坐标来建立工件坐标系，对于粗铣平面用 G92 比较方便。

④ 刀补的建立和加工

在刀具表中输入半径补偿值 R。

例如刀具选用 φ16 的键槽铣刀要，在粗加工中则在 R 中输入 8.15，其中 8 为刀具的标准半径，0.15 为精加工余量；在精加工中则在 R 中输入 $8-a=7.99$（其中 $a=0.01$，a 为刀具的半径磨损量，可以在粗加工或半精加工后，测量实际尺寸与理论尺寸的差而得出）。

在实际加工中，如果要将所加工的零件比编程零件的形状放大或缩小，可以将 R 值相应缩小或放大。

在粗加工中尽量选用大的刀具 φ16 和进给速度。例如：在铣削外轮廓时，选用 φ16 的刀具，在四个拐角点处仍然有剩余部分未切除（也能使用直径大于 16 mm 的刀具）。若选用 φ16 的刀具则需要在半径补偿中扩大半径值，铣掉多余部分。铣削内轮廓与四个圆柱之间的部分，选用 φ6 的刀具，因为它们之间的空隙为 7 mm。

在开始切削工件的前一程序段中，根据左刀补或右刀补的原则，相应以 G00 或 G01 方式来移动一段 X 或 Y 的距离来建立刀补。但是要注意加刀补后的路径刀补，在执行 Y-80 程序段中开始执行刀补。切削完毕后，程序段"G00 Y100"将刀具移动到安全位置。

⑤ 程序校验

当程序调出后，确认是所要的加工程序。置机床控制面板上的运行方式为"自动"或"单段"，在程序菜单下，按程序校验键，然后按下机床控制面板上的"循环启动"键，启动程序校验。在校验过程中，按（显示切换）键来选择显示模式。如果有误（命令行将提示程序的哪一行有错），则在出错的程序段进行修改；确定准确无误后，准备执行程序。

提示

程序在"校验运行"时，机床是处于静止状态的。

在"校验运行"方式没有结束时，机床不可以做其他的运行。

⑥ 加工零件

按"自动运行"，调出相应数控程序，按"启动"键，则机床自动加工工件。

⑦ 工件测量与关机

测量所加工工件的尺寸是否符合要求。

关机顺序：把工作台手动运行到各行程中间位置；按下控制面板上的"急停"按钮，断开伺服电源；关闭机床电源，打扫机床。

9.3　项目检测

填空题

1. 数控车床的机床坐标系的原点取在（　　　　）与（　　　　）的交点。

2. 数控车床编程时,绝对值编程采用坐标地址( ),增量值编程采用坐标地址( )。

3. 在数控车床上车削棒料毛坯时,采用循环指令( );车削铸、锻毛坯表面时,采用循环指令( )。

4. 数控车床加工螺纹时,由于机床伺服系统本身具有( )特征,会在起始段和停止段发生( )现象,所以实际加工螺纹长度包括切入和切出空行程量。

5. 车刀刀具位置补偿包括刀具( )和( )。

6. 车削固定循环中,车外圆时是先走( ),再走( ),车端面时则是先走( ),再走( )。

7. 编程时可以将重复出现的程序段编成( ),使用时可以由( )多次重复调用。

8. 直线插补指令 G01 的特点是刀具以( )方式由某坐标点移动到另一坐标点,由指令 F 设定。

9. 执行辅助功能 M00 和 M02 时,使进给运动,主轴回转,切削液全部停止运行。不同点是执行 M02 后,数控系统处于( );而执行 M00 后,若重新按( ),则继续执行加工程序。

10. 粗加工时,应选择( )的背吃刀量、进给量,( )的切削速度;精加工时,应选择较( )背吃刀量、进给量,较( )的切削速度。

选择题

1. 车削运动分为( )、( )两种。工件的旋转运动是( )。

A. 切深运动　　　　　B. 主运动　　　　　　C. 进给运动　　　　　D. 旋转运动

2. 车床上,刀尖圆弧只有在加工( )时才产生加工误差。

A. 端面　　　　　　　B. 圆柱　　　　　　　C. 圆弧

3. 数控车床中,转速功能字 S 可指定( )。

A. mm/r　　　　　　　B. r/mm　　　　　　　C. mm/min

4. 弧插补方向(顺时针和逆时针)的规定与( )有关。

A. X 轴　　　　　　　B. Z 轴　　　　　　　C. 不在圆弧平面内的坐标轴

5. 下列型号中( )是最大加工工件直径为 ϕ400 mm 的数控车床的型号。

A. CJK0620　　　　　　B. CK6140　　　　　　C. XK5040

6. 数控车床与普通车床相比在结构上差别最大的部件是( )。

A. 主轴箱　　　　　　B. 床身　　　　　　　C. 进给传动　　　　　D. 刀架

7. 数控车床在加工中为了实现对车刀刀尖磨损量的补偿,可沿假设的刀尖方向,在刀尖半径值上,附加一个刀具偏移量,这称为( )。

A. 刀具位置补偿　　　B. 刀具半径补偿　　　C. 刀具长度补偿

8. 找出下列数控机床操作名称的对应英文词汇 BOTTON( )、SOFT KEY( )、HARD KEY( )、SWITCH( )。

A. 软键　　　　　　　B. 硬键　　　　　　　C. 按钮　　　　　　　D. 开关

9. 置零点偏置(G54～G59)是从( )输入。

A. 程序段中　　　　　B. 机床操作面板　　　C. CNC 控制面板

10. 机床工作时,当发生任何异常现象需要紧急处理时应启动( )。

A. 程序停止功能　　　　B. 暂停功能　　　　C. 紧停功能

11. 影响数控机床加工精度的因素很多,但采用( )方式不能提高加工精度。

A. 正确选择加工刀具　　　　　　　　B. 控制对刀的精度

C. 将增量编程变成改为绝对编程　　　　D. 减小刀尖圆弧半径对加工的影响

12. 选择刀具起始点时应考虑( )。

A. 防止与工件或夹具干涉碰撞　　　　B. 方便工件安装测量

C. 必须选在工件的外侧　　　　　　　　D. 每把刀具的刀尖在起始点重合

13. 进给功能 F 后的数字不可能表示( )。

A. 每分钟进给量　　　　　　　　　　B. 每秒进给量

C. 每转进给量　　　　　　　　　　　D. 螺纹螺距

14. 在现代数控系统中系统都有子程序功能,并且子程序( )嵌套。

A. 只能有一层　　B. 可以有限层　　C. 可以无限层　　D. 不能

15. 数控车床能进行螺纹加工,其主轴上一定安装了( )。

A. 测速发电机　　B. 脉冲编码器　　C. 温度控制器　　D. 光电管

16. G04 在数控系统中代表( )。

A. 车螺纹　　　　B. 暂停　　　　　C. 快速移动外　　D. 外圆循环

17 车削固定循环中,车外圆时是先走( ),再走( )。

A. X 轴　　　　　B. Y 轴　　　　　C. Z 轴

18. 用棒料毛坯,加工盘类零件,且加工余量较大的工件编程,应选用( )复合循环指令。

A. G71　　　　　B. G72　　　　　C. G73　　　　　D. G76

19. 子程序调用和子程序返回是用哪一组指令实现( )。

A. G98　G99　　B. M98　M99　　C. M98　M02　　D. M99　M98

20. 数控车床控制系统中,可以联动的两个轴是( )

A. Y Z　　　　　B. X Z　　　　　C. X Y　　　　　D. X C

21. 在 HNC-21M 控制系统中公制螺纹的切削指令是( )

A. M33　　　　　B. G73　　　　　C. G32　　　　　D. M02

22. G41 的指令是( )。

A. 直线插补　　　　　　　　　　　　B. 圆弧插补

C. 刀具半径左补偿　　　　　　　　　D. 刀具半径右补偿

23 刀具长度补偿值的地址是( )

A. D_　　　　　　B. K_　　　　　　C. R_　　　　　　D. J_

24 在铣削内槽时,刀具进给路线应采用( )加工比较合理。

A. 行切法　　　　B. 环切法　　　　C. 综合行切、环切法　　D. 都不正确

25 用华中世纪星系统孔的加工循环功能加工深孔时,可采用( )指令。

A. G81　　　　　B. G82　　　　　C. G83　　　　　D. G84

简答题

1. 简述数控机床选型应考虑的因素。

2. 简述数控车床的编程特点。

3. 数控铣削加工的特点是什么？

4. 常用的辅助功能 M 有哪几种？

5. 试说明 G00、G01、G02、G03 的使用特点。

6. 简述华中世纪星数控铣床开机、关机、返回参考点的操作方法。

7. 简述华中世纪星数控铣床选择程序、新建程序、程序编辑、程序修改、程序保存、程序删除的步骤。

加工零件题

1. 编制如题图 9.1、题图 9.2 所示零件的加工程序和工艺卡片。

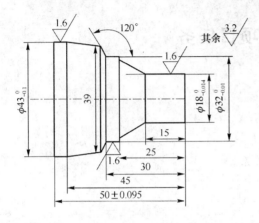

题图 9.1　零件图 1

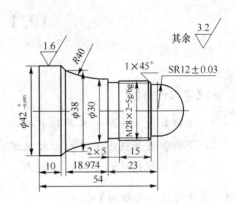

题图 9.2　零件图 2

2. 编制如题图 9.3 所示零件的数控加工程序。约束条件：直径 20 的立铣刀进行铣削，主轴转速为 500 r/min，控制误差为 0.02 mm.。两个 16 的孔用作定位，已加工完成。

3. 编制程序完成如题图 9.4 所示零件型腔的加工，型腔长 60 mm，宽 40 mm，圆角半径 8 mm，型腔深度 17.5 mm，精加工余量轮廓为 0.75 mm，深度为 0.5 mm，安全距离为 0.5 mm，最大深度进给量 4 mm，型腔中心位置 X60,Y40，使用直径为 10 mm 的铣刀。

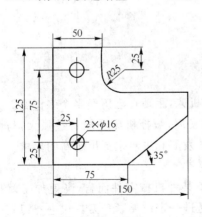

题图 9.3　零件图 3

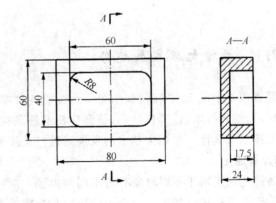

题图 9.4　零件图 4

项目 10　新技术与发展趋势

10.1　项目任务

【学习任务】

1. 理解数控机床的发展趋势有哪些。
2. 了解制造新技术及其与数控机床的关系。
3. 提高数控机床的专业创新能力。

【学习重点与难点】

重点：数控机床的发展趋势有哪些，各个发展趋势的内涵。

难点：数控机床各个发展趋势的内涵，制造新技术的内涵。

10.2　项目内容

10.2.1　数控机床发展趋势

麻省理工学院 1952 年研制出第一台试验性数控机床，距现在已历经半个多世纪。随着电子技术、控制技术、计算机技术、信息化技术的飞速发展，数控机床功能日益强大，与此同时加工技术及其他一些相关技术的发展对数控系统的发展和进步也提出了新的要求。

1. 高速化

高速化加工对于不同对象有着不同的内涵。对于某种机械零件而言，高速加工就是以较快的生产节拍进行加工。一个生产节拍包括零件送进→定位夹紧→刀具快进→刀具工进（在线检测）→刀具快退→工具松开、卸下→质量检测等 7 个基本生产环节。而常常谈论的高速切削是指刀具切削刃相对与零件表面的切削运动（或移动）速度超过普通切削 5～10倍，主要体现在刀具快进、工进及快退三个环节上，是高速加工系统技术中的一个子系统，具体体现在数控机床上的指标便是主轴转速、进给率、运算速度等。而在追求金属切削的高速加工这一国际机床制造业的主流下,高速主轴首先成为制造厂的主攻方向。

对于整条自动生产线而言,高速加工的表征是以简捷工艺流程,以较短、较快的生产节拍的生产线进行生产加工。这就要求突破机械加工的传统观念,在确保产品质量的前提下,改革原有加工工艺(方式),尽可能地缩短整条生产线的工艺流程。或采用一工位多工序、一刀多刃,或以车、铰、铣削替代磨削,或以拉削、搓、挤、滚压加工工艺(方式)替代滚、插、铣削加工等工艺(方式)。这种高速化在数控机床单机上体现的是机床的集成性能。

现在的数控机床由于在汽车、国防、航空、航天等工业的广泛应用,数控机床加工的高速化业发展很快。近年来,数控机床主轴转速已翻了几番。20 世纪 80 年代中期,中等规格的加工中心主轴最高转速为 4 000～6 000 RPM,90 年代初提高到 8 000～12 000 RPM。到 90 年代末,主轴转速在 20 000 RPM 以上的已不鲜见,有的已经达到 40 000 RPM,有的主轴最高转数已经达到了 3 000 r/s,即 180 000 RPM。

如国外某公司的超高速加工中心采用空气润滑主轴轴承。可高速加工电加工用的各类电极及有色金属和非金属零件。该机加工速度要比普通加工中心高 10 倍,主轴最高转速高达 100 000 RPM。从而可大幅度降低生产成本。

虽然高速主轴技术有了突破性发展,但是主轴转速高会带来许多问题,如轴承寿命受高温、高载荷限制,轴的热伸长增加对精度产生影响,动平衡难度加大,轴承预加载荷消失等。解决这些问题,国外采取的一个主要办法是发展电主轴,其原理是把主轴箱做成电机的定子,主轴为电机的转子。国外许多工厂已采用此技术,使转速得以突破。如瑞士 Step-tpp 公司,主轴把 AC 电机与混合轴承集成在一起,转速达 40 000 r/min,功率达 60 kW。机床主轴轴承也经历了滚、陶、气浮、磁浮等阶段的发展。滚动轴承发展到陶瓷轴承,即钢球改为陶瓷球,滚道加 TiN 或 CrNi 金属。由于陶瓷球具有高刚度、高硬度、低密度以及低热胀和低导热系数等特点,同时所用油脂润滑为一次性、终身润滑,大大地提高了滚动轴承的性能。气浮轴承以很小的高压气膜使主轴(转子)浮起而工作。磁浮轴承,利用通过线圈的电流使磁铁产生磁力将转子(主轴)浮起在轴承中心工作,这是目前电气主轴的主要发展方向。抑或采用直线电机直接驱动解决高速加工问题。为了改善和提高高速切削机床的进给系统性能,近年来国外采用直线电机进给驱动的日见增多。直线电机进给驱动,如同将旋转电机的圆周方向展开,作为进给移动的部件(如工作台)成了直线电机的"转子",而固定支承件(如床身、立柱)成了直线电机的"定子",传动系统没有了中间环节,如齿轮、滚珠丝杠等,大大提高了机床的机械刚度与精度。当今世界,此项研究还在不断完善。

此外,据调查统计,加工中心实际切削时间一般不超过工作时间的 55 %。为此,要提高生产率就必须缩减非切削时间。也就是说提高进给率、快速移动速度和换刀速度。

快速进给,十年前是 5～10 m/min,现在,已在 30 m/min 以上,定位精度也普遍控制在 ±2～5 全程。如国外某公司的加工中心,快速进给速度已达 120 m/min,主轴转速 24 000 r/min,主轴功率 27 kW。为衡量高速进给、高速切削还引进了一个新的加减速指标。

提高快速移动速度的同时,在缩短换刀时间和工作台交换时间方面也取得了较大进展。数控车床刀架的转位时间从过去的 1～3 s 减少到 0. 4～0. 6 s。国外先进的加工中心由于刀库和换刀结构的改进,使换刀时间从 5～10 s 减至 1～3 s,很多达到小于 1 s 或 0.5 s 甚至更快。而工作台交换时间也由过去的 12～20 s 减至 6～10 s,有的达到 2.5 s。

由于数控机床在加工复杂曲面时边计算边加工,在数控机床高速化下,数控机床的坐标点运算或插补运算有可能跟不上加工的速度,从而造成加工不连续,影响加工质量。因此,高速加工对高速运算同样是有要求的。在加工复杂型面时,既能保持较高的进给速度、主轴转速,又能利用高速运算保证加工精度。高速的 32 位微处理器在国外的推出,为实现计算机数控系统高速运算创造了条件。

2. 高精度

当前,在机械加工高精度的要求下,世界各工业强国已经不能满足于精密加工了,而是把超精密加工作为数控机床的未来发展方向。其精度已经从微米级发展到亚微米级,甚至纳米级。现代数控机床上,为提高数控机床的加工精度,除了类似传统机床对数控机床基础大件结构特性和热稳定性要求逐步提高以外,从系统软件方面的提高更显示出数控机床的高精度提升前景远远优于传统机床。提高数控系统的高精度分为提高数控系统的控制精度和提高位置检测精度。

提高数控系统控制精度的方法有:利用高速插补以及微小程序段实现连续进给,使CNC 控制单位精细化。提高位置检测精度的方法有:位置伺服系统采用前馈控制与非线性控制等方法,同时配置多种监控功能。如:配置各种测量装置——刀具磨损及破损、机床精度与热变形的检测等。

控制精度的另一大核心就是采用误差补偿技术。最有显著效果的刀具误差补偿技术包含刀具误差寿命管理、刀具长度补偿、爬行补偿、实时热变形补偿等,因而使机床的加工精度有很大的提高。同时,利用逆向间隙补偿、刀具误差补偿和丝杆螺距误差补偿等技术,对设备的热变形和空间等误差进行综合补偿。综合误差补偿技术的应用可将加工误差减少 65%~80%。

普通级数控机床的加工精度由原来的 $\pm 10\ \mu m$,提高到 $\pm 5\ \mu m$ 和 $2\ \mu m$,精密级从 $\pm 5\ \mu m$ 提高到 $\pm 1.5\ \mu m$ 。如:美国某公司的立式加工中心,其定位精度为 $\pm 4\ \mu m$ 。日本某公司的立式加工中心,主轴转速 20 000 r/min ,快速进给速度 24 m/ min ,其定位精度为 $\pm 3\ \mu m$ 。

3. 可靠性

国内外对数控机床的研发,主要面向高档次,追求高速、高精、多功能和多轴联动复合加工等。随着复合功能的增多和密集型技术的引入,故障隐患增多,先进功能和性能不能维持,先进性失去意义。在日趋激烈的开放市场竞争中,产品可靠性成为用户关注的焦点,数控机床的高水平化和复杂化突出了可靠性研究的必要性和紧迫感。数控机床的可靠性由指标 MTBF 衡量。MTBF 即 Mean Time Between Failures,平均故障间隔时间。MTBF 值越高,数控机床的可靠性越高。

最近几年,对我国汽车行业和汽轮机行业选择进口机床的典型用户进行调查,对从发达国家进口的数控机床进行现场跟踪和考核。考核期内,汽车行业用户的 7 台加工中心累计纯工作时间(不包括各种原因的停机时间)127 749 小时,发生故障总次数 134 次,即得每台加工中心的 MTBF 的观测值为 870~1 061 小时之间;6 台数控机床累计纯工作时间153 558 小时,发生故障总次数 150 次,单机 MTBF 的观测值为 831~1 244 小时之间。在汽轮机行业对韩国、俄罗斯和克罗地亚等国的数控机床长达 13 个月的维修记录进行统计分析,MTBF的观测值处于 800~1 000 小时之间,其中也有少数机床的 MTBF 值只有 500 多小时。因此从目前来看,国外的数控机床的可靠性较为分散,但西欧发达国家的数控机床大概都能达到 1 000 小时左右。

　　作为数控机床大脑,数控系统的 MTBF 已由 20 世纪 70 年代的超过 3 000 h ,80 年代的超过 10 000 h ,提高到 90 年代的超过 30 000 h 。

4. 工艺复合性和多轴化

　　以减少工序、辅助时间为主要目的的复合加工,正朝着多轴、多系列控制功能方向发展。数控机床的工艺复合化是指工件在一台机床上一次装夹后,通过自动换刀、旋转主轴头或转台等各种措施,完成多工序、多表面的复合加工。在这方面最典型的机种是加工中心和车削中心。加工中心是数控机床向工艺及功能集成化方面发展的产物。一台具有自动换刀装置、自动交换工作台和自动转换立卧主轴头的镗铣加工中心,不仅一次装夹便可完成镗、铣、钻、铰、攻丝和检验等工序。而且还可完成箱体五个甚至六个面的粗、精加工全部工序。

　　数控机床的自由度增加,使机床具备了加工更加复杂曲面的能力。世界主流的数控系统依然是五轴联动式。少数数控系统向更多轴数发展。数控系统可控技术轴也发展到了极致,西门子 880 系统控制轴数可达 24 轴。

　　其实,多轴机床发展的着重点更多落在了虚拟轴上。虚拟轴机床开始实用化,这是全新概念的机床。国外也推出了实用化机。虚拟轴机床的共同特点是把机床的 6 个自由度运动都由电刀具主轴头来完成,而刀具主轴头由 6 根各自独立驱动的可自由伸缩的平行杆(也叫腿)来联结(6 条腿机床)。可以加工几乎任何的自由曲面,可获得较高的进给速度(90 m/min)、加减速加速度(1.5 g),具有许多传统型机床无法比拟的优点。

5. 功能集成化与智能化

　　"功能集成化"是数控机床的另一重要趋势。加工中心上的 ATC 和 APC 已是这类机床的基本常见装置,随着向柔性化和无人化发展,功能集成化的水平更高地体现在工件自动定位、机内对刀、刀具破损监控、机床与工件精度的检测和补偿方法等方面。

　　早期的实时系统通常针对相对简单的理想环境,其作用是如何调度任务,以确保任务在规定期限内完成。而人工智能则试图用计算模型实现人类的各种智能行为。在数控技术领域,实时智能控制的研究和应用正沿着几个主要分支发展:自适应控制、模糊控制、神经网络控制、专家控制、学习控制、前馈控制等。

　　智能化是 21 世纪制造技术发展的一个总的方向。所谓智能加工就是基于网络技术,数字技术,电子技术和模糊控制的一种加工的更高级形式。智能加工是为了在加工过程中模拟人类智能的活动,以解决加工过程中许多不确定性因素,并利用人类智能进行预见及干预这些不确定性,使加工过程实现高速安全化。智能化的内容包括在数控系统中的各个方面:为追求加工效率和加工质量的智能化,如自适应控制、工艺参数自动生成;为提高驱动性能及使用连接方便的智能化,如前馈控制、电机参数的自适应运算、自动识别负载、自动选定模型、自整定等;简化编程、简化操作的智能化,如智能化的自动编程、智能化的人机界面等;智能诊断、智能监控,方便系统的诊断及维修等。世界上正在进行研究的智能化切削加工系统很多,其中日本智能化数控装置研究会针对钻削的智能加工方案具有代表性。

6. 网络化

　　机床联网可进行远程控制和无人化操作。通过机床联网,可在任何一台机床上对其他机床进行编程、设定、操作、运行,不同机床的画面可同时显示在每一台机床的屏幕上。网络的任务主要是进行通信,共享信息。数控作为车间基本设备,它的通信范围为:1) CNC 内部、CNC 装置与数字伺服之间的通信,比如通过 SERCOS 链式网络传送数字伺服控制信息;2）与上级主计算机的通信,一般通过以太网进行通信;3）与车间现场设备及 I/O 装置通信,主要通过现场总线进行通信,如采用 PROFIBUS 等;4）通过因特网与服务中心通信,传递维修数据;5）通过因特网与另一个工厂交换制造数据。随着网络技术的发展,网络通信功能（NC）将越来越重要。

现在国外已经广泛使用了数控机床联网的技术,所谓数控机床联网就是把机床用网络连接起来,实现机床管理的统一化和程序传输的便捷化。现阶段的数控机床联网一般具有以下几个功能:将程序从办公室送到每台机床并实现实时监控;采集每台机床的性能指标到计算机备份;实现机床与机床之间的程序互相转移;将每台机床的生产数据及时传送到计算机处理;数控机床的刀具磨损寿命情况及时反馈到计算机,实现电脑监控换刀程序。

7. 柔性化

柔性是指机床适应加工对象变化的能力,传统的单一品种的大批量刚性自动化设备及生产线,当被加工对象变换时,调整很困难,甚至是不可能的。柔性加工自动化对满足加工对象变换有很强的适应能力。

数控柔性的发展不再局限于过去的结构单机柔性了,更有意义的是当前认为的柔性分为两个方面:数控系统本身的柔性,数控系统采用模块化设计,功能覆盖面大,可裁剪性强,便于满足不同用户的需求,根本上由开放化体系结构决定;群控系统的柔性,同一群控系统能依据不同生产流程的要求,使物料流和信息流自动进行动态调整,从而最大限度地发挥群控系统的效能。

近几年来,不仅中小批量的生产方式在努力提高柔性化能力,就是在大批量生产方式中,也积极向柔性化方面转向。如出现了 PLC 控制的可调组合机床、数控多轴加工中心、换刀换箱式加工中心、数控三坐标动力单元等。

8. 系统 PC 化与开放化体系结构

PC 是世界上产量最大的计算机产品,其技术发展和支持可以得到很大的保证,并在 PC 的快速更新换代和价格持续下降中获益匪浅。利用当前 PC 的高速数据处理能力,可将原来由硬件完成的 NC 功能改由软件来实现,而且借助于 PC 技术很方便地实现图形界面、网络通信,紧跟计算机技术发展而升级换代,并具有良好的开放性,十分有利于二次开发和功能扩展。经过加固的工业级 PC,已经在工业控制各个领域中得到普遍应用并已逐步成为主流,其技术上的成熟程度使其可靠性大大超过以往的专用 CNC 硬件。

"PC 嵌入 NC"结构的开放式数控系统是一种专用数控软硬件技术与通用计算机结合而开发的产品,如 FANUC18i、16i 系统、SINUMERIK 840D 系统、Num1060 等数控系统。这是数控系统制造商将多年来积累的数控软件技术与当今计算机丰富的软件资源相结合开发的产品。它具有一定的开放性,但由于它的 NC 部分仍然是传统的数控系统,用户无法介入数控系统的核心。这类系统结构复杂、功能强大、价格昂贵。

"NC 嵌入 PC"结构的开放式数控系统,由开放体系结构运动控制卡和 PC 机共同构成。这种运动控制卡通常选用高速 DSP 作为 CPU,具有很强的运动控制和 PLC 控制能力。它本身就是一个数控系统,可以单独使用。它开放的函数库供用户在 Windows 平台上自行开发构造所需的控制系统。因而这种开放结构运动控制卡被广泛应用于制造业自动化控制各个领域。

PC 化的数控系统首先让用户界面受益。用户界面是数控系统与使用者之间的对话接口。由于不同用户对界面的要求不同,因而开发用户界面的工作量极大,用户界面成为计算机软件研制中最困难的部分之一。当前 Internet、虚拟现实、科学计算可视化及多媒体等技术也对用户界面提出了更高要求。图形用户界面极大地方便了非专业用户的使用,人们可以通过窗口和菜单进行操作,便于蓝图编程和快速编程、三维彩色立体动态图形显示、图形模拟、图形动态跟踪和仿真、不同方向的视图和局部显示比例缩放功能的实现。目前国外所有 32 位和 64 位数控系统都基于 PC 机的开放结构,通过数控系统中的 Internet 通信接口,在 Windows 操作平台下,人机界面友好,各种管理工具、过程管理软件丰富。

近年来,我国相继开发出了如华中Ⅰ型、航天Ⅰ型、中华Ⅰ型和蓝天Ⅰ型等数控系统。其中,华中Ⅰ型是以通用工业微机为硬件平台的模块化开放式体系结构,达到了国际先进水平。开放式数控系统软硬件平台已在 DOS、Linux 操作系统平台开发成功,已经开发出了车床、铣床、加工中心、仿形、轧辊磨、滚刀磨、拉刀磨、工具磨、凸轮轴磨床、非圆齿扇插齿机、齿条插齿机、弧齿锥齿轮铣齿机、镗床、激光加工、玻璃机械、纺织机械和医疗机械等 30 多个数控系统应用品种。

10.2.2　基于数控机床的制造新技术

数控机床既是实施先进制造技术的重要装备,也是制造信息集成的一个重要载体,因此,数控机床的发展和创新在一定程度上映射出加工技术的主要趋向。在 20 世纪后期形成的以数控技术为中心的柔性制造技术,预期在未来仍将继续发展并成为加工技术发展的主流。以数控机床为基础,依托其发展起来的制造新技术有直接数字控制(DNC)、柔性制造系统(FMS)和 计算机集成制造系统(CIMS)等。

1. 直接数字控制

直接数字控制(DNC)又称为群控,是用一台或几台计算机直接控制若干台数控机床的系统控制方法,它开始于 20 世纪 60 年代,20 世纪 70 年代以后,也称为分布式数字控制。它把相关程序存放在公用的存储器中,计算机按照约定及请求,向这些机床发送程序和数据,并能收集、显示、编辑与控制过程有关的数据。此外,系统计算机还具有生产调度、自动编程、程序校验以及系统的自动维护等功能。

它的基本功能是传送 NC 程序。随着 DNC 技术的发展,现代 DNC 还具有制造数据传送、状态数据采集、刀具管理、生产调度、生产监控、单元控制和 CAD/ CAPP/CAM 接口等功能。

常见的 DNC 结构形式有如下几种。

(1) 接口配置为 RS232C 接口

20 世纪 80 年代、90 年代的数控系统大多具有 RS232C 串行通信接口。这种 DNC 结构直接把数控系统的 RS232C 串行通信接口和 DNC 主机的 RS232C 串行通信接口相连,从而实现 NC 程序的上传和下传。这种结构在不需要远程控制和状态采集的场合应用较多。

(2) 接口配置为 DNC 接口

现在进口的高档数控系统有些具有 DNC 通信接口。这种 DNC 结构通过直接在 DNC 主机和数控系统中插上相应的 DNC 接口卡并运行相应的软件来实现数控系统所带来的各种 DNC 功能。

（3）接口配置为网络接口

少数进口的高档数控系统具有这种接口。这种 DNC 结构通过直接在 DNC 主机和数控系统中插上相应的 MAP 3.0 等网络通信接口卡并运行相应的软件来实现数控系统的局域网连接方式和数控系统所带的各种 DNC 功能。

（4）接口配置为进行直接数控的计算机

现在有些数控系统采用计算机直接数控方式，即直接用一台通用计算机来控制数台数控机床。这种数控系统的 DNC 结构则为通用计算机 RS232 串行通信接口的互联。

DNC 技术的发展方向主要表现在 DNC 与 CIMS 的集成、DNC 系统的模块化与商品化、基于现场总线与计算机局域网的 DNC 产品开发以及 DNC 产品与数控系统的配套开发和生产等方面。

2. 柔性制造系统

随着科学技术的发展，计算机的出现给机械制造业的刚性自动线产生了冲击。所谓刚性自动线，即指物流设备和加工工艺是相对固定的，它只能加工一个零件，或者加工几个相互类似的零件。特别是计算机数控（CNC）、计算机直接控制（又称群控，即 DNC）、计算机辅助设计（CAD）、计算机辅助制造（CAM）、成组技术（GT）、计算机辅助工艺规程（CAPP）、工业机器人（ROBOT）等新技术的出现，迫使我们将刚性自动线与新技术相结合形成适应现代制造需求的"柔性制造系统"（Flexible Manufacturing System，FMS）。

FMS 经历了一个由简到繁的发展过程，主要结构和组成有计算机数控系统（CNCS）、柔性制造单元（FMC）、柔性制造生产线（FML）和柔性制造系统（FMS）。

计算机数控系统：它用计算机通过执行其寄存器内的程序来完成数控系统的部分或全部功能，并配有接口电路、输入输出设备、可编程控制器（PLC）、主轴驱动和进给驱动装置等的一种专用计算机系统。

柔性制造单元：FMC 由单台带有多托盘系统的加工中心或三台以下的 CNC 机床组成，它可以自动地加工一组工件，适用于小批量多品种加工。其外部系统包括工件与刀具运输系统、测量系统、过程监控系统等。如图 10.1 所示为柔性加工单元，可实现无人看管自动加工。

图 10.1　柔性加工单元

柔性制造生产线：柔性制造生产线又称为柔性自动线（FTL）或可变自动线，它与传统的刚性自动线的区别在于它能同时或依次加工少量不同的工件。采用计算机控制和管理，保留了组合机床的模块结构和高效等特点,又加入了数控技术的有限柔性。主要用于汽车、拖拉机等行业。

FML 是以少数几个品种的工件为加工对象形成的一种生产线。用于加工具有高度相似性的工件,加工时具有固定的时间周期。FML 采用的大多为多轴主轴箱的换箱式或转塔式组合加工中心,如图 10.2 所示,此 FML 能同时或依次加工少量不同的工件,适用于较大批量、较少品种加工。

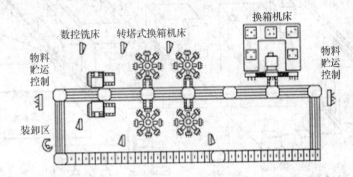

图 10.2　多轴主轴箱的换箱式和转塔式组合加工中心组成的 FML

柔性制造系统:FMS 是由两台以上 CNC 机床组成并配备有自动化物料储运子系统的制造系统,它是适用于中小批量、较多品种加工的高柔性、高智能的制造系统。

美国制造工程师协会的计算机辅助系统和应用协会把柔性制造系统定义为:使用计算机控制柔性工作站和集成物料运储装置来控制并完成零件族某一工序,或一系列工序的一种集成制造系统。

为方便对 FMS 的理解,更为直观的定义为:FMS 是由两台以上的机床、一套物料运输系统(从装载到卸载具有高度自动化)和一套控制系统的计算机所组成的制造系统。它采用简单地改变软件的方法便能制造出某些部件中的任何零件。如图 10.3 所示是一个典型的柔性制造系统示意图。

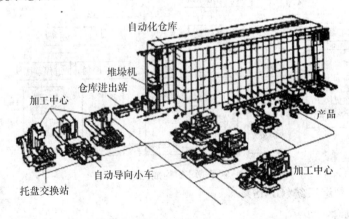

图 10.3　典型的柔性制造系统示意图

如图 10.4 所示为精密机械零件的 FMS。在该系统中有三台机床、一台检查装置以及连接这些设备的运输轨道,这些机械单元均受各级计算机系统控制,分别实现了自动化。有数个或一个工件在准备工位,作为一批加工工件装在同一物料库中,工件的运送以物料库为单位由轨道车实现。加工单元除配有在线监视加工状态外,还配备有监视运送工件的识别系统,以及使机床适应多种工件的刀夹具自动变换系统等。

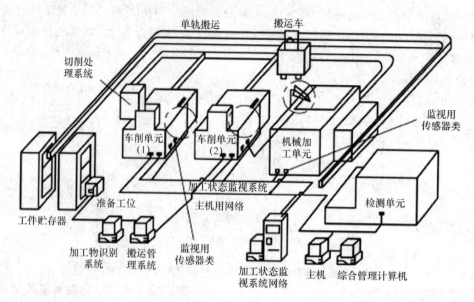

图 10.4　精密机械零件的 FMS

FMS 的组成

由于 FMS 强调制造过程的柔性和高效率,因而适应于多品种、中小批量的生产。FMS 的主要硬件设备有:计算机、数控机床、机器人、托盘、传输线、自动搬运小车和自动立体仓库等。它实现了工厂中工程设计、制造和经营管理三大功能中的"制造"功能。

FMS 概括起来可由下列三部分组成:多工位的数控加工系统、自动化的物料储运系统和计算机控制的信息系统,其构成框图如图 10.5 所示。

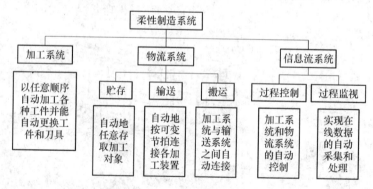

图 10.5　FMS 的构成框图

3. 计算机集成制造系统(CIMS)

(1) CIMS 的概念

20 世纪 70 年代以来,随着自动化技术、信息技术和电子技术的应用,制造系统中许多以自动化为特征的单元技术广泛应用。企业自动化也由"点"(即单机自动化)到"线"(即由多种自动化设备组成的生产线),再由"线"发展到"面"(通过引入柔性制造系统,实现企业全部作业流程的自动化),进而由"面"向"立体"(指企业全部生产系统和企业内部业务实现综合自动化)的方向发展,以期实现企业全部业务的一元化、集成化和高效化。CIMS 正是基于企业生产各环节从市场分析、产品设计、加工制造、经营管理到售后服务的全过程。

国际标准化组织(ISO)将 CIM 定义为:CIM 是将企业所有的人员、功能、信息和组织等诸方面集成为一个整体的生产方式。

欧共体 CIM-SA 课题委员会也提出了被认为是最权威最科学的定义:CIM 是信息技术和生产技术的综合应用,旨在提高制造型企业的生产率和响应能力,由此企业的所有功能、信息、管理方面都是一个集成起来的整体的各个部分。

我国 863/CIMS 计划认为:CIM 是一种组织管理企业的新理念,它将传统的制造技术与现代信息技术、管理技术、自动化技术、系统工程技术等有机地结合,将企业生产全过程中有关人/机构、经营管理和技术三要素及其信息流、物质流和能量流有机地集成并优化运行,以实现产品上市快、高质、低耗、服务好,从而使企业赢得市场竞争。

我国 CIMS 主题研究和实施技术的核心是现代集成制造,其中集成分为三个阶段:信息集成、过程集成(如并行工程)和企业集成(如敏捷制造)。而目前,我国技术发展路线是加强设计和管理,并实现企业的信息集成。这是我国 CIMS 的一个特点。从信息集成向过程重构和优化(过程集成)及企业间集成的方向发展,是计算机集成制造系统技术内涵实现的途径。

(2) CIMS 的组成

从系统的功能角度考虑,一般认为 CIMS 可由经营管理信息系统、工程设计自动化系统、制造自动化系统和质量保证信息系统四个功能分系统,以及计算机网络和数据库管理两个支撑系统组成,如图 10.6 所示。

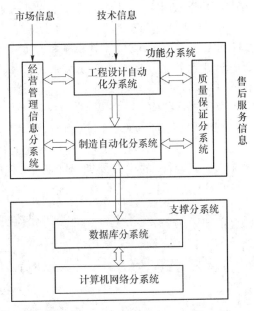

图 10.6　CIMS 的基本组成结构

(3) CIMS 的控制结构

CIMS 是一个复杂庞大的工程系统,通常采用递阶控制体系结构。所谓递阶控制,即将一个复杂的控制系统按照其功能分解成若干层次,各层次进行独立地控制处理,完成各自的功能;层与层之间保持信息交换,上层对下层发出命令,下层向上层回送命令执行结果,通过通信联系构成一个完整的控制系统。这种控制模式减小了系统的开发和维护难度,已成为当今复杂系统的主流控制模式。

根据目前制造型企业多级管理的结构层次,美国国家标准与技术局(NIST)将 CIMS 分为五层递阶控制结构,即工厂层、车间层、单元层、工作站层和设备层,如图 10.7 所示。在这种递阶控制结构中,各层分别由独立的计算机进行控制处理,功能单一、易于实现;其层次越高,控制功能越强,计算机所处理的任务越多;而层次越低,则实时处理要求越高,控制回路内部的信息流速度越快。

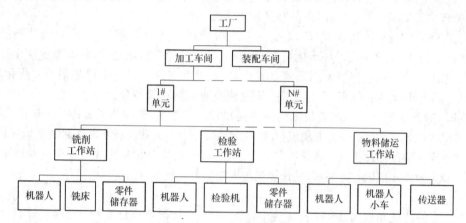

图 10.7 CIMS 的递阶控制结构

(4) CIMS 体系分系统

根据 CIMS 的功能构成,CIMS 是由 4 个功能分系统和两个支撑分系统组成。即 CIMS 通常是由管理信息系统(MIS)、产品设计与工程设计自动化系统(又称工程设计集成系统,EDIS)、制造自动化(柔性自动化)系统(MAS)、计算机辅助质量保证系统(CAQ)以及计算机网络和数据管理系统(DBS)等 6 个部分有机地集成起来的。如图 10.8 所示为 6 个分系统的框图及其与外部信息的联系。

(5) 面向生命周期的 CIMS 体系结构

每一类产品的出现和存在都会经历"构思、开发、制造、使用"4 个阶段。我们把从"构思"到"使用"的过程称为产品的生命周期。与此类似,制造系统也有反映为"系统需求、分析与定义、系统设计、系统实施、系统运行"的生命周期。如图 10.9 所示为 CIM-OSA(CIM-Open System Architecture)开放体系结构。

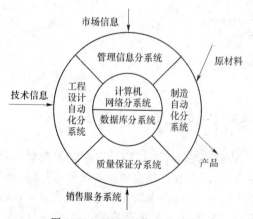

图 10.8 CIMS 的 6 个分系统

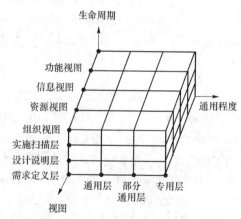

图 10.9 CIM-OSA 开放体系结构

10.3　项目检测

填空题

1. 在数控技术领域,实时智能控制的研究和应用正沿着几个主要分支发展:
(　　　)、(　　　　)、神经网络控制、专家控制、学习控制、前馈控制等。

2. 以数控机床为基础,依托其发展起来的制造新技术有直接数字控制(DNC)、(　　　)
和计算机集成制造系统(CIMS)等。

3. FMS 概括起来可由下列三部分组成:多工位的数控加工系统、自动化的物料储运系
统和(　　　　)

4. 根据计算机集成制造系统(CIMS)的功能构成,CIMS 是由(　　　　)分系统和
(　　　　)分系统组成。

5. 我国 CIMS 主题研究和实施技术的核心是(　　　　),其中集成分为三个阶段:信
息集成、过程集成(如并行工程)和企业集成(如敏捷制造)。

6. 每一类产品的出现和存在都会经历"构思、开发、制造、使用"4 个阶段。我们把从
"构思"到"使用"的过程称为产品的(　　　　)。

简答题

1. 数控机床的发展趋势有哪些?

2. 数控作为车间基本设备,从通信范围来分,可分为哪几种通信方式?

3. 什么是虚拟轴机床? 它的共同特点是什么?

4. 常见的直接数字控制(DNC)结构形式有哪几种?

附录 国家职业资格证考核标准及样题

关于数控专业的国家职业资格证书有 10 余种,如数控车工、数控铣工、数控机床操作调整工、数控机床装调维修工等,每个工种又分为初级、中级、高级、技师和高级技师等几个等级。下面以数控铣工为例,给出它的国家职业资格考核标准和样题。

一 数控铣工国家职业标准

1. 职业概况

1.1 职业名称
数控铣工。

1.2 职业定义
从事编制数控加工程序并操作数控铣床进行零件铣削加工的人员。

1.3 职业等级
本职业共设四个等级,分别为:中级(国家职业资格四级)、高级(国家职业资格三级)、技师(国家职业资格二级)、高级技师(国家职业资格一级)。

1.4 职业环境
室内、常温。

1.5 职业能力特征
具有较强的计算能力和空间感,形体知觉及色觉正常,手指、手臂灵活,动作协调。

1.6 基本文化程度
高中毕业(或同等学力)。

1.7 培训要求

1.7.1 培训期限
全日制职业学校教育,根据其培养目标和教学计划确定。晋级培训期限:中级不少于 400 标准学时;高级不少于 300 标准学时;技师不少于 300 标准学时;高级技师不少于 300 标准学时。

1.7.2 培训教师
培训中、高级人员的教师应取得本职业技师及以上职业资格证书或相关专业中级及以上专业技术职称任职资格;培训技师的教师应取得本职业高级技师职业资格证书或相关专业高级专业技术职称任职资格;培训高级技师的教师应取得本职业高级技师职业资格证书2年以上或取得相关专业高级专业技术职称任职资格两年以上。

1.7.3　培训场地设备

满足教学要求的标准教室、计算机机房及配套的软件、数控铣床及必要的刀具、夹具、量具和辅助设备等。

1.8　鉴定要求

1.8.1　适用对象

从事或准备从事本职业的人员。

1.8.2　申报条件

——中级:(具备以下条件之一者)

(1) 经本职业中级正规培训达规定标准学时数,并取得结业证书。

(2) 连续从事本职业工作5年以上。

(3) 取得经劳动保障行政部门审核认定的,以中级技能为培养目标的中等以上职业学校本职业(或相关专业)毕业证书。

(4) 取得相关职业中级《职业资格证书》后,连续从事本职业两年以上。

——高级:(具备以下条件之一者)

(1) 取得本职业中级职业资格证书后,连续从事本职业工作两年以上,经本职业高级正规培训,达到规定标准学时数,并取得结业证书。

(2) 取得本职业中级职业资格证书后,连续从事本职业工作4年以上。

(3) 取得劳动保障行政部门审核认定的,以高级技能为培养目标的职业学校本职业(或相关专业)毕业证书。

(4) 大专以上本专业或相关专业毕业生,经本职业高级正规培训,达到规定标准学时数,并取得结业证书。

——技师:(具备以下条件之一者)

(1) 取得本职业高级职业资格证书后,连续从事本职业工作4年以上,经本职业技师正规培训达规定标准学时数,并取得结业证书。

(2) 取得本职业高级职业资格证书的职业学校本职业(专业)毕业生,连续从事本职业工作两年以上,经本职业技师正规培训达规定标准学时数,并取得结业证书。

(3) 取得本职业高级职业资格证书的本科(含本科)以上本专业或相关专业的毕业生,连续从事本职业工作两年以上,经本职业技师正规培训达规定标准学时数,并取得结业证书。

——高级技师:

(1) 取得本职业技师职业资格证书后,连续从事本职业工作4年以上,经本职业高级技师正规培训达规定标准学时数,并取得结业证书。

1.8.3　鉴定方式

分为理论知识考试和技能操作考核。理论知识考试采用闭卷方式,技能操作(含软件应用)考核采用现场实际操作和计算机软件操作方式。理论知识考试和技能操作(含软件应用)考核均实行百分制,成绩皆达60分及以上者为合格。技师和高级技师还需进行综合评审。

1.8.4 考评人员与考生配比

理论知识考试考评人员与考生配比为 1∶15,每个标准教室不少于两名相应级别的考评员;技能操作(含软件应用)考核考评员与考生配比为 1∶2,且不少于 3 名相应级别的考评员;综合评审委员不少于 5 人。

1.8.5 鉴定时间

理论知识考试为 120 分钟,技能操作考核中实操时间为:中级、高级不少于 240 分钟,技师和高级技师不少于 300 分钟,技能操作考核中软件应用考试时间为不超过 120 分钟,技师和高级技师的综合评审时间不少于 45 分钟。

1.8.6 鉴定场所设备

理论知识考试在标准教室里进行,软件应用考试在计算机机房进行,技能操作考核在配备必要的数控铣床及必要的刀具、夹具、量具和辅助设备的场所进行。

2. 基本要求

2.1 职业道德

2.1.1 职业道德基本知识

2.1.2 职业守则

(1) 遵守国家法律、法规和有关规定;

(2) 具有高度的责任心、爱岗敬业、团结合作;

(3) 严格执行相关标准、工作程序与规范、工艺文件和安全操作规程;

(4) 学习新知识新技能、勇于开拓和创新;

(5) 爱护设备、系统及工具、夹具、量具;

(6) 着装整洁,符合规定;保持工作环境清洁有序,文明生产。

2.2 基础知识

2.2.1 基础理论知识

(1) 机械制图

(2) 工程材料及金属热处理知识

(3) 机电控制知识

(4) 计算机基础知识

(5) 专业英语基础

2.2.2 机械加工基础知识

(1) 机械原理

(2) 常用设备知识(分类、用途、基本结构及维护保养方法)

(3) 常用金属切削刀具知识

(4) 典型零件加工工艺

(5) 设备润滑和冷却液的使用方法

(6) 工具、夹具、量具的使用与维护知识

(7) 铣工、镗工基本操作知识

2.2.3 安全文明生产与环境保护知识

(1) 安全操作与劳动保护知识

(2) 文明生产知识

(3) 环境保护知识

2.2.4 质量管理知识

(1) 企业的质量方针

(2) 岗位质量要求

(3) 岗位质量保证措施与责任

2.2.5 相关法律、法规知识

(1) 劳动法的相关知识

(2) 环境保护法的相关知识

(3) 知识产权保护法的相关知识

3. 工作要求

本标准对中级、高级、技师和高级技师的技能要求依次递进,高级别涵盖低级别的要求。

3.1 中级

职业功能	工作内容	技能要求	相关知识
一、加工准备	(一)读图与绘图	1. 能读懂中等复杂程度(如:凸轮、壳体、板状、支架)的零件图 2. 能绘制有沟槽、台阶、斜面、曲面的简单零件图 3. 能读懂分度头尾架、弹簧夹头套筒、可转位铣刀结构等简单机构装配图	1. 复杂零件的表达方法 2. 简单零件图的画法 3. 零件三视图、局部视图和剖视图的画法
	(二)制定加工工艺	1. 能读懂复杂零件的铣削加工工艺文件 2. 能编制由直线、圆弧等构成的二维轮廓零件的铣削加工工艺文件	1. 数控加工工艺知识 2. 数控加工工艺文件的制定方法
	(三)零件定位与装夹	1. 能使用铣削加工常用夹具(如压板、虎钳、平口钳等)装夹零件 2. 能够选择定位基准,并找正零件	1. 常用夹具的使用方法 2. 定位与夹紧的原理和方法 3. 零件找正的方法
	(四)刀具准备	1. 能够根据数控加工工艺文件选择、安装和调整数控铣床常用刀具 2. 能根据数控铣床特性、零件材料、加工精度、工作效率等选择刀具和刀具几何参数,并确定数控加工需要的切削参数和切削用量 3. 能够利用数控铣床的功能,借助通用量具或对刀仪测量刀具的半径及长度 4. 能选择、安装和使用刀柄 5. 能够刃磨常用刀具	1. 金属切削与刀具磨损知识 2. 数控铣床常用刀具的种类、结构、材料和特点 3. 数控铣床、零件材料、加工精度和工作效率对刀具的要求 4. 刀具长度补偿、半径补偿等刀具参数的设置知识 5. 刀柄的分类和使用方法 6. 刀具刃磨的方法

职业功能	工作内容	技能要求	相关知识
二、数控编程	（一）手工编程	1. 能编制由直线、圆弧组成的二维轮廓数控加工程序 2. 能够运用固定循环、子程序进行零件的加工程序编制	1. 数控编程知识 2. 直线插补和圆弧插补的原理 3. 节点的计算方法
	（二）计算机辅助编程	1. 能够使用 CAD/CAM 软件绘制简单零件图 2. 能够利用 CAD/CAM 软件完成简单平面轮廓的铣削程序	1. CAD/CAM 软件的使用方法 2. 平面轮廓的绘图与加工代码生成方法
三、数控铣床操作	（一）操作面板	1. 能够按照操作规程启动及停止机床 2. 能使用操作面板上的常用功能键（如回零、手动、MDI、修调等）	1. 数控铣床操作说明书 2. 数控铣床操作面板的使用方法
	（二）程序输入与编辑	1. 能够通过各种途径（如 DNC、网络）输入加工程序 2. 能够通过操作面板输入和编辑加工程序	1. 数控加工程序的输入方法 2. 数控加工程序的编辑方法
	（三）对刀	1. 能进行对刀并确定相关坐标系 2. 能设置刀具参数	1. 对刀的方法 2. 坐标系的知识 3. 建立刀具参数表或文件的方法
	（四）程序调试与运行	能够进行程序检验、单步执行、空运行并完成零件试切	程序调试的方法
	（五）参数设置	能够通过操作面板输入有关参数	数控系统中相关参数的输入方法
四、零件加工	（一）平面加工	能够运用数控加工程序进行平面、垂直面、斜面、阶梯面等的铣削加工，并达到如下要求： (1) 尺寸公差等级达 IT7 级 (2) 形位公差等级达 IT8 级 (3) 表面粗糙度达 Ra3.2 μm	平面铣削的基本知识 刀具端刃的切削特点
	（二）轮廓加工	能够运用数控加工程序进行由直线、圆弧组成的平面轮廓铣削加工，并达到如下要求： (1) 尺寸公差等级达 IT8 (2) 形位公差等级达 IT8 级 (3) 表面粗糙度达 Ra3.2 μm	平面轮廓铣削的基本知识 刀具侧刃的切削特点
	（三）曲面加工	能够运用数控加工程序进行圆锥面、圆柱面等简单曲面的铣削加工，并达到如下要求： (1) 尺寸公差等级达 IT8 (2) 形位公差等级达 IT8 级 (3) 表面粗糙度达 Ra3.2 μm	1. 曲面铣削的基本知识 2. 球头刀具的切削特点

续表

职业功能	工作内容	技能要求	相关知识
四、零件加工	(四)孔类加工	能够运用数控加工程序进行孔加工,并达到如下要求: (1)尺寸公差等级达 IT7 (2)形位公差等级达 IT8 级 (3)表面粗糙度达 Ra3.2 μm	麻花钻、扩孔钻、丝锥、镗刀及铰刀的加工方法
	(五)槽类加工	能够运用数控加工程序进行槽、键槽的加工,并达到如下要求: (1)尺寸公差等级达 IT8 (2)形位公差等级达 IT8 级 (3)表面粗糙度达 Ra3.2 μm	槽、键槽的加工方法
	(六)精度检验	能够使用常用量具进行零件的精度检验	1. 常用量具的使用方法 2. 零件精度检验及测量方法
五、维护与故障诊断	(一)机床日常维护	能够根据说明书完成数控铣床的定期及不定期维护保养,包括:机械、电、气、液压、数控系统检查和日常保养等	1. 数控铣床说明书 2. 数控铣床日常保养方法 3. 数控铣床操作规程 4. 数控系统(进口、国产数控系统)说明书
	(二)机床故障诊断	1. 能读懂数控系统的报警信息 2. 能发现数控铣床的一般故障	1. 数控系统的报警信息 2. 机床的故障诊断方法
	(三)机床精度检查	能进行机床水平的检查	1. 水平仪的使用方法 2. 机床垫铁的调整方法

3.2　高级

职业功能	工作内容	技能要求	相关知识
一、加工准备	(一)读图与绘图	1. 能读懂装配图并拆画零件图 2. 能够测绘零件 3. 能够读懂数控铣床主轴系统、进给系统的机构装配图	1. 根据装配图拆画零件图的方法 2. 零件的测绘方法 3. 数控铣床主轴与进给系统基本构造知识
	(二)制定加工工艺	能编制二维、简单三维曲面零件的铣削加工工艺文件	复杂零件数控加工工艺的制定
	(三)零件定位与装夹	1. 能选择和使用组合夹具和专用夹具 2. 能选择和使用专用夹具装夹异型零件 3. 能分析并计算夹具的定位误差 4. 能够设计与自制装夹辅具(如轴套、定位件等)	1. 数控铣床组合夹具和专用夹具的使用、调整方法 2. 专用夹具的使用方法 3. 夹具定位误差的分析与计算方法 4. 装夹辅具的设计与制造方法
	(四)刀具准备	1. 能够选用专用工具(刀具和其他) 2. 能够根据难加工材料的特点,选择刀具的材料、结构和几何参数	1. 专用刀具的种类、用途、特点和刃磨方法 2. 切削难加工材料时的刀具材料和几何参数的确定方法

职业功能	工作内容	技能要求	相关知识
二、数控编程	(一)手工编程	1. 能够编制较复杂的二维轮廓铣削程序 2. 能够根据加工要求编制二次曲面的铣削程序 3. 能够运用固定循环、子程序进行零件的加工程序编制 4. 能够进行变量编程	1. 较复杂二维节点的计算方法 2. 二次曲面几何体外轮廓节点计算 3. 固定循环和子程序的编程方法 4. 变量编程的规则和方法
	(二)计算机辅助编程	1. 能够利用 CAD/CAM 软件进行中等复杂程度的实体造型(含曲面造型) 2. 能够生成平面轮廓、平面区域、三维曲面、曲面轮廓、曲面区域、曲线的刀具轨迹 3. 能进行刀具参数的设定 4. 能进行加工参数的设置 5. 能确定刀具的切入切出位置与轨迹 6. 能够编辑刀具轨迹 7. 能够根据不同的数控系统生成 G 代码	1. 实体造型的方法 2. 曲面造型的方法 3. 刀具参数的设置方法 4. 刀具轨迹生成的方法 5. 各种材料切削用量的数据 6. 有关刀具切入切出的方法对加工质量影响的知识 7. 轨迹编辑的方法 8. 后置处理程序的设置和使用方法
	(三)数控加工仿真	能利用数控加工仿真软件实施加工过程仿真、加工代码检查与干涉检查	数控加工仿真软件的使用方法
三、数控铣床操作	(一)程序调试与运行	能够在机床中断加工后正确恢复加工	程序的中断与恢复加工的方法
	(二)参数设置	能够依据零件特点设置相关参数进行加工	数控系统参数设置方法
四、零件加工	(一)平面铣削	能够编制数控加工程序铣削平面、垂直面、斜面、阶梯面等,并达到如下要求: (1) 尺寸公差等级达 IT7 (2) 形位公差等级达 IT8 级 (3) 表面粗糙度达 Ra3.2 μm	1. 平面铣削精度控制方法 2. 刀具端刃几何形状的选择方法
	(二)轮廓加工	能够编制数控加工程序铣削较复杂的(如凸轮等)平面轮廓,并达到如下要求: (1) 尺寸公差等级达 IT8 (2) 形位公差等级达 IT8 级 (3) 表面粗糙度达 Ra3.2 μm	1. 平面轮廓铣削的精度控制方法 2. 刀具侧刃几何形状的选择方法
	(三)曲面加工	能够编制数控加工程序铣削二次曲面,并达到如下要求: (1) 尺寸公差等级达 IT8 (2) 形位公差等级达 IT8 级 (3) 表面粗糙度达 Ra3.2 μm	1. 二次曲面的计算方法 2. 刀具影响曲面加工精度的因素以及控制方法
	(四)孔系加工	能够编制数控加工程序对孔系进行切削加工,并达到如下要求: (1) 尺寸公差等级达 IT7 (2) 形位公差等级达 IT8 级 (3) 表面粗糙度达 Ra3.2 μm	麻花钻、扩孔钻、丝锥、镗刀及铰刀的加工方法

续 表

职业功能	工作内容	技能要求	相关知识
四、零件加工	（五）深槽加工	能够编制数控加工程序进行深槽、三维槽的加工,并达到如下要求: (1) 尺寸公差等级达 IT8 (2) 形位公差等级达 IT8 级 (3) 表面粗糙度达 Ra3.2 μm	深槽、三维槽的加工方法
	（六）配合件加工	能够编制数控加工程序进行配合件加工,尺寸配合公差等级达 IT8	1. 配合件的加工方法 2. 尺寸链换算的方法
	（七）精度检验	1. 能够利用数控系统的功能使用百(千)分表测量零件的精度 2. 能对复杂、异形零件进行精度检验 3. 能够根据测量结果分析产生误差的原因 4. 能够通过修正刀具补偿值和修正程序来减少加工误差	1. 复杂、异形零件的精度检验方法 2. 产生加工误差的主要原因及其消除方法
五、维护与故障诊断	（一）日常维护	能完成数控铣床的定期维护	数控铣床定期维护手册
	（二）故障诊断	能排除数控铣床的常见机械故障	机床的常见机械故障诊断方法
	（三）机床精度检验	能协助检验机床的各种出厂精度	机床精度的基本知识

3.3 技师

职业功能	工作内容	技能要求	相关知识
一、加工准备	（一）读图与绘图	1. 能绘制工装装配图 2. 能读懂常用数控铣床的机械原理图及装配图	1. 工装装配图的画法 2. 常用数控铣床的机械原理图及装配图的画法
	（二）制定加工工艺	1. 能编制高难度、精密、薄壁零件的数控加工工艺规程 2. 能对零件的多工种数控加工工艺进行合理性分析,并提出改进建议 3. 能够确定高速加工的工艺文件	1. 精密零件的工艺分析方法 2. 数控加工多工种工艺方案合理性的分析方法及改进措施 3. 高速加工的原理
	（三）零件定位与装夹	1. 能设计与制作高精度箱体类,叶片、螺旋桨等复杂零件的专用夹具 2. 能对现有的数控铣床夹具进行误差分析并提出改进建议	1. 专用夹具的设计与制造方法 2. 数控铣床夹具的误差分析及消减方法
	（四）刀具准备	1. 能够依据切削条件和刀具条件估算刀具的使用寿命,并设置相关参数 2. 能根据难加工材料合理选择刀具材料和切削参数 3. 能推广使用新知识、新技术、新工艺、新材料、新型刀具 4. 能进行刀具刀柄的优化使用,提高生产效率,降低成本 5. 能选择和使用适合高速切削的工具系统	1. 切削刀具的选用原则 2. 延长刀具寿命的方法 3. 刀具新材料、新技术知识 4. 刀具使用寿命的参数设定方法 5. 难切削材料的加工方法 6. 高速加工的工具系统知识

职业功能	工作内容	技能要求	相关知识
二、数控编程	(一)手工编程	能够根据零件与加工要求编制具有指导性的变量编程程序	变量编程的概念及其编制方法
	(二)计算机辅助编程	1. 能够利用计算机高级语言编制特殊曲线轮廓的铣削程序 2. 能够利用计算机 CAD/CAM 软件对复杂零件进行实体或曲线曲面造型 3. 能够编制复杂零件的三轴联动铣削程序	1. 计算机高级语言知识 2. CAD/CAM 软件的使用方法 3. 三轴联动的加工方法
	(三)数控加工仿真	能够利用数控加工仿真软件分析和优化数控加工工艺	数控加工工艺的优化方法
三、数控铣床操作	(一)程序调试与运行	能够操作立式、卧式以及高速铣床	立式、卧式以及高速铣床的操作方法
	(二)参数设置	能够针对机床现状调整数控系统相关参数	数控系统参数的调整方法
四、零件加工	(一)特殊材料加工	能够进行特殊材料零件的铣削加工,并达到如下要求: (1) 尺寸公差等级达 IT8 (2) 形位公差等级达 IT8 级 (3) 表面粗糙度达 Ra3.2 μm	特殊材料的材料学知识 特殊材料零件的铣削加工方法
	(二)薄壁加工	能够进行带有薄壁的零件加工,并达到如下要求: (1) 尺寸公差等级达 IT8 (2) 形位公差等级达 IT8 级 (3) 表面粗糙度达 Ra3.2 μm	薄壁零件的铣削方法
	(三)曲面加工	1. 能进行三轴联动曲面的加工,并达到如下要求: (1) 尺寸公差等级达 IT8 (2) 形位公差等级达 IT8 级 (3) 表面粗糙度达 Ra3.2 μm 2. 能够使用四轴以上铣床与加工中心进行对叶片、螺旋桨等复杂零件进行多轴铣削加工,并达到如下要求: (1) 尺寸公差等级达 IT8 (2) 形位公差等级达 IT8 级 (3) 表面粗糙度达 Ra3.2 μm	三轴联动曲面的加工方法 四轴以上铣床/加工中心的使用方法
	(四)易变形件加工	能进行易变形零件的加工,并达到如下要求: (1) 尺寸公差等级达 IT8 (2) 形位公差等级达 IT8 级 (3) 表面粗糙度达 Ra3.2 μm	易变形零件的加工方法
	(五)精度检验	能够进行大型、精密零件的精度检验	1. 精密量具的使用方法 2. 精密零件的精度检验方法

职业功能	工作内容	技能要求	相关知识
五、维护与故障诊断	（一）机床日常维护	能借助字典阅读数控设备的主要外文信息	数控铣床专业外文知识
	（二）机床故障诊断	能够分析和排除液压和机械故障	数控铣床常见故障诊断及排除方法
	（三）机床精度检验	能够进行机床定位精度、重复定位精度的检验	机床定位精度检验、重复定位精度检验的内容及方法
六、培训与管理	（一）操作指导	能指导本职业中级、高级进行实际操作	操作指导书的编制方法
	（二）理论培训	能对本职业中级、高级进行理论培训	培训教材的编写方法
	（三）质量管理	能在本职工作中认真贯彻各项质量标准	相关质量标准
	（四）生产管理	能协助部门领导进行生产计划、调度及人员的管理	生产管理基本知识
	（五）技术改造与创新	能够进行加工工艺、夹具、刀具的改进	数控加工工艺综合知识

3.4　高级技师

职业功能	工作内容	技能要求	相关知识
一、工艺分析与设计	（一）读图与绘图	1. 能绘制复杂工装装配图 2. 能读懂常用数控铣床的电气、液压原理图 3. 能够组织中级、高级、技师进行工装协同设计	1. 复杂工装设计方法 2. 常用数控铣床电气、液压原理图的画法 3. 协同设计知识
	（二）制定加工工艺	1. 能对高难度、高精密零件的数控加工工艺方案进行合理性分析，提出改进意见并参与实施 2. 能够确定高速加工的工艺方案。 3. 能够确定细微加工的工艺方案	1. 复杂、精密零件机械加工工艺的系统知识 2. 高速加工机床的知识 3. 高速加工的工艺知识 4. 细微加工的工艺知识
	（三）工艺装备	1. 能独立设计复杂夹具 2. 能在四轴和五轴数控加工中对由夹具精度引起的零件加工误差进行分析，提出改进方案，并组织实施	1. 复杂夹具的设计及使用知识 2. 复杂夹具的误差分析及消减方法 3. 多轴数控加工的方法
	（四）刀具准备	1. 能根据零件要求设计专用刀具，并提出制造方法 2. 能系统地讲授各种切削刀具的特点和使用方法	1. 专用刀具的设计与制造知识 2. 切削刀具的特点和使用方法
二、零件加工	（一）异形零件加工	能解决高难度、异形零件加工的技术问题，并制定工艺措施	高难度零件的加工方法
	（二）精度检验	能够设计专用检具，检验高难度、异形零件	检具设计知识

职业功能	工作内容	技能要求	相关知识
三、机床维护与精度检验	(一)数控铣床维护	1. 能借助字典看懂数控设备的主要外文技术资料 2. 能够针对机床运行现状合理调整数控系统相关参数	数控铣床专业外文知识
	(二)机床精度检验	能够进行机床定位精度、重复定位精度的检验	机床定位精度、重复定位精度的检验和补偿方法
	(三)数控设备网络化	1. 能够借助网络设备和软件系统实现数控设备的网络化管理	2. 数控设备网络接口及相关技术
四、培训与管理	(一)操作指导	能指导本职业中级、高级和技师进行实际操作	操作理论教学指导书的编写方法
	(二)理论培训	1. 能对本职业中级、高级和技师进行理论培训 2. 能系统地讲授各种切削刀具的特点和使用方法	1. 教学计划与大纲的编制方法 2. 切削刀具的特点和使用方法
	(三)质量管理	能应用全面质量管理知识,实现操作过程的质量分析与控制	质量分析与控制方法
	(四)技术改造与创新	能够组织实施技术改造和创新,并撰写相应的论文	科技论文的撰写方法

4. 比重表

4.1 理论知识

项目		中级(%)	高级(%)	技师(%)	高级技师(%)
基本要求	职业道德	5	5	5	5
	基础知识	20	20	15	15
相关知识	加工准备	15	15	25	—
	数控编程	20	20	10	—
	数控铣床操作	5	5	5	—
	零件加工	30	30	20	15
	数控铣床维护与精度检验	5	5	10	10
	培训与管理	—	—	10	15
	工艺分析与设计	—	—	—	40
合　计		100	100	100	100

4.2 技能操作

项 目		中级(%)	高级(%)	技师(%)	高级技师(%)
技能要求	加工准备	10	10	10	—
	数控编程	30	30	30	—
	数控铣床操作	5	5	5	—
	零件加工	50	50	45	45
	数控铣床维护与精度检验	5	5	5	10
	培训与管理	—	—	5	10
	工艺分析与设计	—	—	—	35
合 计		100	100	100	100

二 高级数控铣工理论考试样题及答案

一、单选题(每空 1 分,共 80 分)

1. CNC 开环系统的特点之一为(**D**)。

A. 脉冲当量小　　　　B. 精度高　　　　　C. 结构复杂　　　　D. 易于调整

2. 下列最大的数为(**B**)。

A. (01010111)BCD　　　　　　　　B. (01010111)B

C. (58)H　　　　　　　　　　　　D. (58)D

3. 数铣的"PLAYBACK SYSTEM"表示(**B**)。

A. 固定循环功能　　B. 录返功能　　　　C. 插补功能　　　　D. 编辑状态

4. 在数铣 CRT(液晶屏幕)上显示"BATTERY",表示(**C**)。

A. 系统未准备好　　B. 报警状态　　　　C. 电池需更换　　　D. 编辑状态

5. CNC 闭环系统的反馈信号可以从(**A**)中取得。

A. 工作台　　　　　B. 侍服电机　　　　C. 主轴　　　　　　D. 滚珠丝杠轴

6. 数控铣床的准备功能中,逆圆插补的 G 代码为(**A**)。

A. G03　　　　　　B. G02　　　　　　C. G20　　　　　　D. G30

7. 数铣用滚珠丝杠副不能直接与(**D**)联接。

A. 直流侍服电机　　B. 工作台　　　　　C. 步进电机　　　　D. 刀具

8. 若要显示数铣相对坐标系的位置,应先按(**A**)按钮。

A. POS　　　　　　B. PEGEM　　　　　C. OFSET　　　　　D. DGNOS

9. 在 TSG-JT(ST)工具系统中,锥柄刀柄 JS(ST)57 中的"57"表示(**B**)直径。

A. 刀柄 7:24 锥体的小端　　　　　　B. 刀柄 7:24 锥体的大端

C. 刀柄内孔小端　　　　　　　　　　D. 刀柄内孔大端

10. 在 G91 G01 X8、0 Y8、0 F100,则 X 轴的进给速度为(**A**)mm/min。

A. 100   B. 50   C. 50 根号 2   D. 25 根号 2

11. 在 FANUC-3MA 数铣系统中,各轴的最小设定单位为（**D**）。

A. 0.01 mm   B. 0.005 mm   C. 0.002 mm   D. 0.001 mm

12. 数铣中,（**A**）表示主轴顺时针转的工艺指令。

A. M03   B. M04   C. M05   D. G04

13. 数铣接通电源后,不作特殊指定,则（**A**）有效。

A. G90   B. G91   C. G92   D. G99

14. 在 G00 程序段中,（**C**）值将不起作用。

A. X   B. S   C. F   D. T

15. 钻孔循环为（**A**）。

A. G73   B. G74   C. G76   D. G80

16. G91 G02 X20.0 Y20.0 R-20.0 F100 执行前后刀所在位置的距离为（**C**）。

A. 0   B. 20   C. 20 根号 2   D. 40

17. （**C**）G 代码一经指定后一直有效,必须用同组的 G 代码才能取代它。

A. 一次性   B. 初始状态   C. 模态   D. 非模态

18. CNC 机床容易引起工作台爬行现象的因素为（**B**）。

A. 动静摩擦系数的差值小   B. 传动系数的刚度小

C. 移动部件的质量小   D. 系统的阻尼大

19. 在数铣上加工一圆弧 G91 G02 X60 Y0 I30 J0 F80,其圆弧半径为（**D**）。

A. 60   B. 80   C. 45   D. 30

20. 数铣电源接通后,是（**A**）状态。

A. G17   B. G18   C. G19   D. G20

21. 在一个程序段中,（**D**）应采用 M 代码。

A. 点位控制   B. 直点控制

C. 圆弧控制   D. 主轴旋转控制

22. 在立式数铣中,主轴轴线方向应为（**C**）轴。

A. X   B. Y   C. Z   D. U

23. 在数铣中,软磁盘属于（**A**）的一种。

A. 控制介质   B. 控制装置   C. 伺服系统   D. 机床

24. （**C**）属于伺服机构的组成部分。

A. CPU   B. CRT   C. 同步交流电机   D. 指示光栅

25. 编写程序的最小数值是由（**C**）决定。

A. 加工精度   B. 滚珠丝杠精度   C. 脉冲当量   D. 位置精度

26. 数铣中,设定坐标可应用（**C**）代码。

A. G90   B. G91   C. G92   D. G94

27. 只在被指令的程序段内有效的 G 代码（**B**）。

A. G03   B. G92   C. G98   D. G99

28. 在固定循环中,如果指令了(A),则固定循环自动取消。

A. G02   B. G19   C. M03   D. M04

29. 在一个程序段中,不同组的 G 码,可以指令 (D)个。

A. 1   B. $\leqslant 2$ C. $\leqslant 3$ D. 多

30. 刀具系统补偿为左补时,应采用(A)。

A. G41   B. G42   C. G43   D. G44

31. G91 G01 X12.0 Y16.0 F100 执行后,刀具移动了(A)mm。

A. 20   B. 25   C. 根号20   D. 28

32. 在铣削用量中,对铣削功率影响最大的是(A)。

A. 铣削速度   B. 进给量   C. 铣削深度   D. 铣削宽度

33. 钢件的精加工,宜用(D)刀片。

A. YG6   B. YG8   C. YT5   D. YT30

34. 量块有(C)个工作表面。

A. 4   B. 3   C. 2   D. 1

35. 使用组合铣刀时,铣削用量的选择应以工作条件(A)的铣刀为主。

A. 最繁重   B. 最轻便   C. 最简单   D. 最好

36. 如果需要提高零件的综合机械性能,一般应进行(D)热处理工艺。

A. 正火   B. 退火   C. 淬火   D. 调质

37. 孔的轴线的直线度属于孔的(C)。

A. 尺寸精度   B. 位置精度   C. 形状精度   D. 尺寸误差

38. 工件定位时用以确定被加工表面位置的基准称为(B)基准。

A. 设计   B. 定位   C. 测量   D. 装配

39. 铣连杆外形时,用长于连杆大头孔深的圆柱销定位,并同时置于夹具平面上这属于(C)定位。

A. 欠   B. 不完全   C. 过   D. 完全

40. 铣削紫铜材料工件时,选用的铣刀材料应以(A)为主。

A. 高速度   B. YT 类硬质合金   C. YG 类硬质合金   D. 陶瓷

41. 顺铣与逆铣相比,逆铣(D)。

A. 进给不平稳   B. 容易扎刀

C. 适于薄而长的工件   D. 适合于表面较硬的工件

42. 扩孔精度一般能达到(C)。

A. IT6   B. IT8   C. IT10   D. IT12

43. 镗削不通孔时镗刀的主偏角应取(D)。

A. 45   B. 60   C. 75   D. 90

44. 可用(C)球径的垫圈或套筒来检验工件的球面的几何形状。

A. 大于   B. 等于   C. 小于   D. 不等于

45. 在卧铣上铣开口键槽,应用(B)铣刀。

A．圆柱   B．三面刃   C．端铣刀   D．T 型铣刀

46. 在条件不变的条件下,加工低碳钢比加工铸铁的切削力(**A**)。

A. 大   B. 小   C. 相等   D. 不可比

47. 溢流阀是(**A**)控制阀的一种。

A. 压力   B. 流量   C. 方向   D. 速度

48. 为了减少切削热,刀具应采用(**A**)前角。

A. 较大   B. 较小   C．0   D. 负

49. 刀具主偏角的变化主要影响轴向切削力与(**C**)向切削力的比值的变化。

A. 法   B. 切   C. 径   D. 垂

50. 用长 V 型铁定位可以限制工件(**D**)个自由度。

A. 1   B. 2   C. 3   D. 4

51. 加工圆柱形、圆锥形、各种回转表面、螺纹以及各种盘类零件并进行钻、扩、镗孔加工,可选用(③)。

①数控铣床;   ②加工中心;   ③数控车床;   ④加工单元

52. 编排数控机床加工工艺时,为了提高加工精度,采用(②)。

①精密专用夹具;   ②一次装夹多工序集中;

③流水线作业;   ④工序分散加工法

53. 闭环控制系统的位置检测装置装在(③)。

①传动丝杠上;   ②伺服电机轴端;

③机床移动部件上;   ④数控装置中

54. FMS 是指(③)。

①自动化工厂;   ②计算机数控系统;

③柔性制造系统;   ④数控加工中心

55. CNC 系统系统软件存放在(②)。

①单片机;   ②程序储存器;   ③数据储存器;   ④穿孔纸带

56. 加工平面任意直线应用(②)。

①点位控制数控机床;   ②点位直线控制数控机床;

③轮廓控制数控机床;   ④闭环控制数控机床

57. 步进电机的角位移与(④)成正比。

①步距角;   ②通电频率;   ③脉冲当量;   ④脉冲数量

58. 准备功能 G90 表示的功能是(③)。

①预置功能;   ②固定循环;   ③绝对尺寸;   ④增量尺寸

59. 圆弧插补段程序中,若采用圆弧半径 R 编程时,从始点到终点存在两条圆弧线段,当(④)时,用-R 表示圆弧半径。

①圆弧小于或等于 180 度;   ②圆弧大于或等于 180 度;

③圆弧小于 180 度;   ④圆弧大于 180 度

60. 辅助功能 M03 代码表示(④)。

①程序停止；②冷却液开；
③主轴停止；④主轴顺时针转动

61. 数铣接通电源后,不作特殊指定,则(**A**)有效。

A. G17   B. G18   C. G19   D. G20

62. 加工程序段出现 G01 时,必须在本段或本段之前指定(**C**)之值。

A. R   B. T   C. F   D. P

63. 取消固定循环应选用(**A**)。

A. G80   B. G81   C. G82   D. G83

64. G91 G03 X0 Y0 I-20 J0 F100 执行前后刀所在位置的距离为(**A**)。

A. 0   B. 10   C. 20   D. 40

65. 数铣电源接通后,是(**A**)状态。

A. G40   B. G41   C. G42   D. G43

66. 在一个程序段中,M 代码可指令(**D**)次。

A. 多次   B. 3   C. 2   D. 1

67. 在数控机床的坐标系中(**A**)用来表示轴与 +X 轴平行的旋转运动。

A. +A   B. +B   C. +C   D. +D

68. 在数铣中,(**D**)可作为控制介质。

A. 钢笔   B. CRT   C. 计算器   D. 软磁盘

69. (**D**)不属于数控装置的组成部分。

A. 输入装置   B. 输出装置   C. 显示器   D. 伺服机构

70. 伺服装置每发出一个脉冲信号,反映到机床移动部件上的移动量称为(**C**)。

A. 位置精度   B. 机床定位精度   C. 脉冲当量   D. 加工精度

71. 数铣中,G92 表示(**C**)。

A. 绝对值输入   B. 增量值输入   C. 设定坐标系   D. YZ 平面指定

72. 只在被指令的程序段内有效的 G 代码是(**B**)。

A. G00   B. G04   C. G20   D. G40

73. 在固定循环中,如果指令了(**A**),则固定循环自动取消。

A. G01   B. G17   C. G21   D. G98

74. 数铣加工过程中,按了紧急停止按钮后,应(**B**)。

A. 排除故障后接着走   B. 手动返回参考点

C. 重新装夹工件   D. 重新上刀

75. 刀具长度偏移方向为"+"时,应采用(**C**)。

A. G41   B. G42   C. G43   D. G44

76. G91 G01 X3、0 Y4、0 F100 执行后,刀具移动了(**D**)mm。

A. 1   B. 根号7   C. 0.75   D. 5

77. 切削用量中,对切削力影响最大的因素是(**C**)。

A. 切削速度   B. 切削深度   C. 进给量   D. 均不是

78. 数控铣床的准备功能中,顺圆插补的 G 代码为(**B**)。

A. G03   B. G02   C. G20   D. G31

79. 孔的形状精度主要有圆度和(**D**)。

A. 垂直度   B. $\perp$ C. //   D. 圆柱度

80. 在用立铣刀加工曲面外形时,立铣刀的半径必须(**A**)工件的凹圆弧半径。

A. $\leqslant$ B. $=$ C. /   D. $\neq$

二、判断题(每题 1 分,共 20 分)

1. 可控轴在三坐标以上的数铣则可进行立体轮廓加工。 (√)
2. 对某一数控铣,其 G 代码和 M 代码是可以互相转换的。 (×)
3. 软驱既可作为数铣的输入设备,也可作为数铣的输出设备。 (×)
4. 在 CNC 机床中,PLC 主要用于开关量控制。 (√)
5. CNC 闭环系统的特点之一就是调试容易。 (×)
6. 数控机床的重复定位精度取决于系统的开关量控制方式。 (√)
7. 数控铣床的加工速度由 CPU 的时钟速度决定。 (×)
8. 数控铣床的 G00 与 G01 在程序中均可互换。 (×)
9. 滚珠丝杆的主要优点是传动效率高。 (×)
10. 步进电机不能用于开环控制系统。 (×)
11. 加工过程中,不能查阅在 CNC 中的刀具偏移。 (×)
12. 数控系统只能采用 DOS 操作系统。 (×)
13. 数铣急停后应用手动返回参考点。 (√)
14. 铰孔可以纠正孔位置精度。 (×)
15. 扩孔可以部分地纠正钻孔留下的孔轴线歪斜。 (√)
16. 具有成形面的零件,一般在卧式铣床上或在仿型铣床上加工。 (×)
17. 铣床夹具常采用定位键来确定夹具与机床之间的相对位置。 (√)
18. 相邻两工序的工序尺寸之差叫工序余量。 (√)
19. 对于精度要求较高的工件,在精加工时以采用一次安装为最好。 (√)
20. 应该选用前角较小的铣刀来加工硬度低塑性好的材料。 (×)

三 高级数控铣工技能考试样题

(总时间:180 分钟)

一、说明

1. 考查考生的基本编程知识、相关的工艺常识和操作水平。

2. 试题内容依据教学大纲所要求学生掌握的内容以及相关的机械知识。

3. 本考题适合于普通立式数控铣床。

4. 本考题适合于考核普通的数控技术工人。

5. 本考题有关技术要求见考试题图样。

二、考试题图（详见附图 1）

三、监考评分人员

1. 监考人员的数量：每两台机床不少于 1 人。

2. 评分人员的数量：不少于 2 人。

评分标准（详见附表）

1. 刀具选择合理，加工步骤正确。

2. 程序无关键性错误。

3. 长、宽、深尺寸基本正确。

4. 轮廓加工完整，无明显错误。

5. 操作过程合理。

四、考场准备

1. 每个考生配 1 台机床及其相应工夹量具。

2. 考场电源功率必须能满足所有设备正常启动工作。

五、人员要求

1. 考场工作人员必须提前 30 分钟到达考场。

2. 每个考场必须有机器维修工 1～2 名。

六、附图和附表。

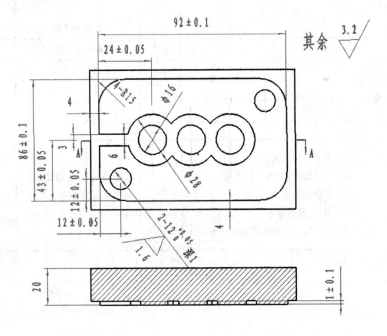

附图 1 高级数控铣床工技能操作考核题图

技能评分表

姓名		准考证号			总得分		
序号	项目	考核内容及要求		配分	评分标准		得分
1	数控铣床规范操作	(1) 开机前的检查和开机顺序正确 (2) 回机床参考点 (3) 正确对刀,建立工件坐标系 (4) 正确设置参数 (5) 正确仿真校验		20	每违反一条酌情扣 2~4分。扣完为止		
2	外轮廓	$92^{+0.1}_{-0.1}$	IT	5	超差 0.05 扣 2 分		
			Ra	5	降一级扣 2 分		
		$86^{+0.1}_{-0.1}$	IT	5	超差 0.05 扣 2 分		
			Ra	5	降一级扣 2 分		
	内轮廓	$24^{+0.05}_{-0.05}$	IT	5	超差 0.03 扣 2 分		
			Ra	5	降一级扣 2 分		
		$43^{+0.05}_{-0.05}$	IT	5	超差 0.03 扣 2 分		
			Ra	5	降一级扣 2 分		
		$12^{+0.05}_{-0.05}$	IT	5	超差 0.03 扣 2 分		
			Ra	5	降一级扣 2 分		
	圆弧	4-R15	IT	5	超差不得分		
			Ra	5	降级扣 2 分		
		$\phi16$	IT	1.5	超差不得分		
		$\Phi12,\Phi28$	IT	2.5	超差不得分		
	高度	$1^{+0.1}_{-0.1}$	IT	1	超差不得分		
3	安全文明生产	(1) 着装规范,未受伤 (2) 刀具、工具、量具的放置 (3) 工件装夹、刀具安装规范 (4) 正确使用量具 (5) 卫生、设备保养 (6) 关机后机床停放位置不合理		15	每违反一条酌情扣 1 分。扣完为止		

评分人: 　年　月　日　　　　核分人: 　年　月　日

参 考 文 献

[1] 刘力健,续永刚.数控加工编程及操作.北京:清华大学出版社,2007.
[2] 李宏胜,朱强,曹锦江.FANUC 数控系统维护与维修.北京:高等教育出版社,2011.
[3] 黄文广,邵泽强,韩亚兰.FANUC 数控系统连接与调试.北京:高等教育出版社,2011.
[4] 吴会波,耿玉香.机械零件 CAD/CAM.北京:北京理工大学出版社,2011.
[5] 蒋永敏等.数控机床使用与维护.北京:科学出版社,2010.
[6] 张文灼,等.机械工程材料.北京:北京理工大学出版社,2012.
[7] 熊光华,等.数控机床.北京:机械工业出版社,2007.